新冠防疫时期
东南建筑学者的思考·上册

东南大学建筑学院　著
东南大学建筑设计研究院有限公司

东南大学出版社·南京

目录
CONTENTS

序　言
——韧性的维度

2020 年开年至今新型冠状病毒肺炎疫情在全球蔓延，世界卫生组织先后将其定义为"全球公共安全事件"和"全球性大流行病"。这场疫情的起源和发展态势至今仍不明朗，但必将对我们身处的世界和每个人的生活产生深远影响，也促发了社会各界有识之士的思考。武汉封城，一个超过一千万人口的城市被强制封闭，这种极端的措施和其后出现的情境，对于从事城市建筑领域研究的学者无疑是巨大的震撼和冲击。之后世界各大都会相继"休克"，那些产生和承载着人类最迷人公共生活的城市空间变得空寂无人……目睹着生存环境的改变，经历着人类历史上最大规模的空间隔离，东南大学建筑学院的师生从各自的专业所学展开思考和行动，反思城市建筑出现的问题，探寻疫情过后城乡环境可能发生的变化，以及我们经历和见证的一切将如何改写学科的传统本体与知识边界。

于我而言，疫情的冲击使得"韧性"这个词正在凸显出前所未有的意义。"韧性"最初作为一个物理学概念，用来描述材料在外力作用下变形后的复原能力。20 世纪初，在城市复杂系统研究中开始引入"韧性城市"的理念，旨在指引城市或城市系统能够化解和抵御外界的冲击，在突发灾害和公共事件时快速应对、及时恢复，保持其主要特征和功能不受明显影响，并通过适应来更好地应对未来。

疫情暴发的反应和状态、防控阻击的对策和组织，直接暴露了城市抵抗突发公共事件并从中获得恢复的能效差级，可以称之为城市的"韧性能级"，体现于不止以下的五种维度。

一、城市信息管理的容量、效率和安全

当今城市是由物质空间系统和信息空间系统共同构成的。如果把城市比作人，基础设施和物质空间当是骨骼和肌肉，而信息系统就是神经。人和城市应对外界冲击的反应效率极大程度上取决于"神经"。到目前为止，似乎应对新型冠状病毒传播的有效方式还是最原始的空间隔离，然而这并不能说明这是唯一正确的方式。事实上在封国、封城、封路的状态下，维持生活的恰恰正是信息基础设施网络。区别于物质空间的脆性断裂，互联网和物联网编织的城市信息基础设施正在显现出强大的韧性生长能力。这促使我们思考，城市获取信息的规模、处理和反馈效率，以及安全的数据管理，构成了韧性机能的重要维度。即便没有这次疫情，我们也已经看到了信息技术对生活和社会产生的疾速改变。韧性城市不仅需要系统的物质空间规划，更需要安全高效的信息空间规划，并构建信息化基础设施，实现城市建筑的智慧运维和科学防灾的可视化管理。本书收录了杨俊宴教授团队的文章《高密度城市的多尺度空间防疫体系建构思考》，探讨了对城市—社区—建筑的多尺度空间防疫体系以及综合大数据的智能化平台监控、反演和预警疫情暴发与传播的技术体系的建构。

二、健全的基础设施与高效的资源配置

当代城市交织着动态、致密而复杂的各种流线，包括人流、物流、信息流和资金流，基础设施的系统性、健全度和配置效率是编织各种流线、支撑城市功能运行的重要参数。不仅如此，从疫情在世界各地暴发的状态和反应看，基础设施的冗余度、适应性和智慧性直接决定了城市在突发灾难

中应急和恢复的能力，这是城市的结构韧性。同时，国家、地区和城市的管理机制是更具决定性的基础设施。设想如果不是位居九省通衢的基础设施网络中心，如果没有高度集中的国家应急救灾体制，武汉不可能在这场灾难中如此迅速地得到控制和恢复。本书收录了周文竹副教授团队的文章《突发公共卫生安全事件下分阶段城市交通应急对策》，从交通应急预案和弹性管控策略方面探讨应对公共安全事件的韧性基础设施。

三、网格化社区与自组织管理

这次疫情让我们看到了集中式竖向结构和分散化平向结构两种社会组织模式在应对灾难时采取的不同策略、取得的不同成效，检验了社会组织和管理模式的功能和效率。疫情尚未结束，很多事情仍待观察。然而有一点可以看出，中国社会的网格化社区管理在疫情的控制中起到十分重要的作用。这种自上而下的集中式和自下而上的自组织式相结合的社区模式，精细化了城市的组织层级，有效提升了应对突发事件的管理效率，成为强化城市韧性的重要组织结构。本书收录的王承慧教授团队的文章《通过社区规划提升社区韧性》聚焦于从韧性视角剖析当前社区应对灾害的问题，并提出规划策略。

四、公共设施的适变性和弹性承载

大型公共设施承载着当代城市的集中功能和标志性事件，也占据着巨量的空间和设施资源。在城市功能的动态演变，尤其是突发事件应对中，公共设施在功能承载和空间结构上的适变性和弹性很大程度上决定了城市的韧性机能。武汉疫情防控中，由体育场、会展中心等大型公共建筑改造的 16 家方舱医院起到了决定性的作用。这一成功经验在世界许多国家得到复制。城市韧性也体现出公共设施规模的弹性适变。武汉火神山和雷神山医院以及本丛书下册收录的南京市公共卫生医疗中心应急病房楼的紧急建造，让我们看到了建筑行业的强大应急能力。更进一步，是否可以催生一种平战结合的应急建造产业，施行高度标准的规格化和装配化，在突发事件中高效地满足公共设施的应急规模需求？本书收录的张宏教授团队的文章《"平—疫"结合可周转自保障型校舍建筑研究》记述了东南大学建筑学院的师生们在这个方面做出的有益探索。

五、作为社会网络集成终端的生活单元

今年以来，"居家隔离"成为一个在全世界各种语言中频繁使用的词汇，人们很久没有这么长时间地待在家中了。依赖于互联网和高度技术化的信息终端，这半年住宅的功能发生着前所未有的高频次衍化和复合。家已经不仅仅是一个居住的地方，它同时也是办公、教学、购物、娱乐、会议交流的场所。疫情使得信息时代一些似有似无的模糊认识变得出乎意料地清晰。住宅作为社会的最小单元，在物质空间上除了实现隔离和遮蔽之外，其日渐复合的功能正要求它具备选择接收多种信息、物资和能量的接口，成为集成各种信息网络、服务网络和物流网络的智能终端，而其智慧性正体现于将物质性的隔离和信息化的交互高度耦合的矛盾统一。

这场肆虐全球的新型冠状病毒肺炎疫情还没有结束，它对人类社会必将产生的深刻影响尚未完全显现。然而，这几个月里发生在世界各地的景象足以对我们习以为常的生活方式和空间环境形成极大挑战。我们学科的某些部分有可能就此改变，而尚未做好准备的未来却提前到来。本书（上册）汇集的17篇文章是东南大学建筑学院师生身处疫情的专业思考，有的已经付诸行动。这是一段前途未知的旅程，对于研究和设计承载人类生活容器的学科，这场史无前例的停顿和苦难同时喻示着变局和机会。思考未必成熟，行动难免仓促，然而却都来自切身的体会，鲜活而真切，希望能为专业同道提供启示和借鉴。

张　彤

2020 年 5 月 12 日于南京家中

01

面对新型冠状病毒肺炎疫情的几点专业思考

王建国

面对新型冠状病毒肺炎疫情的几点专业思考

Some Professional Thoughts on Novel Coronavirus
Epidemic Situation

（原载于《建筑学报》2020 年 3-4 合刊）

王建国

东南大学建筑学院教授

中 国 工 程 院 院 士

北京未来城市设计高精尖创新中心学术委员会主任

古往今来的城市建设中，规划和建筑设计从来没有停止过对各类自然灾害引发的对城市的破坏的考虑和应对。

维特鲁威在《建筑十书》中认为城镇建造要选取"健康的营造地点，地势应较高，无风，不受雾气侵扰，朝向应不冷不热，温度适中"。城市和建筑在历史上的重要发展进步中，防灾能力和水准的提升都是最主要动因之一。每一次重大传染性疾病疫情都给建筑和规划设计带来新的挑战，以及相应的理念、方法和规范标准的更新和完善的机会。1478 年，鼠疫侵袭意大利米兰并直接造成 22000 人死亡（当时米兰城市总人口约 15 万人），之后达·芬奇开始对卫生学和城镇规划产生兴趣，并用草图和文字注解做出了沿河岸建设的理想城市规划。这个规划不再以大教堂和宫殿为中心，而是将米兰分成十个新城，每个新城有 5000 幢房屋，最多容纳 30000 人居住。这正体现出通过城市组团分区的方式，减少疫情传播的规划理念。1665 年 6—12 月的伦敦地区鼠疫夺去了 90000 人的生命，紧接着 1666 年伦敦大火又使 80000 人无家可归（图 1），但正是这两次灾难导致雷恩（Wren）的伦敦重建规划方案（图 2）用"宽阔的街道和富裕的空间取代了拥挤的建筑和弯曲的小道"（曾经的瘟疫和火灾蔓延的温床）。现代城市规划及设计除由社会、经济和科技发展等主要动因促动外，从一开始就与公共卫生和环境健康密切相关，极度的密集拥挤、必要的卫生设施和健康知识的缺乏是促使欧洲工业城市人居环境恶劣的主要原因（图 3）。引起 1854 年伦敦霍乱流行的最主要原因就是饮用水被粪便污染后的传染，还有一些疫情与飞沫人传人有关，如 1910—1911 年的中国东北的"肺鼠疫"。现代城市后来普遍采用功能分区和以"阳光、空气、绿化"主导的规划设计，其中的重要催化因素就是如何营造一个健康的人居环境。中国现在已经有明确的"健康城市"学科领域，国家也已经出台了《"健康中国 2030"规划纲要》，并发布了《关于开展健康城市健康村镇建设的指导意见》，同时确定了 38 个健康城市的试点建设。

图 1   1666 年伦敦大火烧毁的城区（白色城区部分）

图 2   1666 年雷恩伦敦重建规划

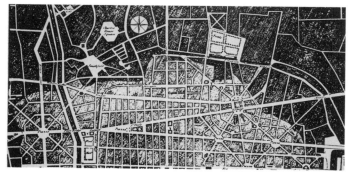

图 3　19 世纪伦敦贫民
区生活状况

与洪涝、台风等多见的自然灾害相比，此次由新型冠状病毒
引起的肺炎疫情类似地震突如其来，没有预警，缺乏预测。
但与地震不同的是，病毒传染致病的疫情是以人为载体并跟
随人迁移的，它没有明确的物理空间边界限定，且疫情初发
时恰逢春运，加之人们对新型冠状病毒的认识有一个过程，
因而出现了一个由局部到整体、从点到线再到面的传播扩散
局面。如此严重的疫情除给人们带来迫在眉睫的防护救治问
题，也给现代城市设计带来值得反思的问题。笔者对城市公
共卫生领域了解有限，只从本专业角度谈一点粗浅认识。

（1）移动互联网和万物互联的"算法时代"正在到来，电商平台、
移动支付、快递业和区块链技术正在迅猛发展，这一时代的

重要标志是移动 IP 和万物互联的区块链（IoT, Blockchain）的"可回溯性"和"可识别性"。现代城市不可能回避建筑高密度和人口高流动问题，城市规划、城市设计和建筑设计也必须做出针对性的科学合理对策。除应制定取缔野生动物非法捕猎、运输、加工、宰杀和交易等的铁腕治理措施外，还应该未雨绸缪，逐渐改用电商平台和超市保鲜销售方式彻底取代活体生鲜食品的直销形式。如果借助区块链技术全面改造和提升食品的生产供应链，在整个商品的生产、处理、运输和销售全过程做到防伪溯源、"白箱化"和信任的"集体维护"，并采用可"数据溯源"的手机移动支付等非现金支付方式，加之未来将大概率呈现的"个体泛在的数字城市"的扁平化和去中心性的社会组织和空间结构，对于突发性疫情就有了较为全面的科学认知，我们再将健康城市和健康建筑规范要求落实到城市和建筑设计中，城市便获得了某种韧性（Resilience），预防、应对和治理此类疫情灾害就应该有更大的胜算。

（2）关于老城区、城中村、传统民居聚落和各类公共卫生欠缺的街路系统适应性优化。上下水系统、通风条件、卫生设施以及应对突发性灾害的必要空间场所的建设必须放到重要的议事日程上，这也是现代城市规划和城市设计理念中针对城市人居环境改善和性能提升的最重要的合理内核，我们应该争取的是传承历史乡愁与建设现代健康城镇的双赢，而不是二元论的非此即彼。同时参照早年的英国经验，应该制定更加详细的环境卫生法规。

（3）在今天的大数据背景下，建筑和规划专业人员除可研制各种大数据驱动的单项指标性的"数字地图"（如特定来源、特定行为、特定人员区域迁移 IP 分布等）外，可协助政府和医学研究相关部门绘制武汉新冠疫情"医学地理学"地图，协助完善病源、活体、活动、物质空间载体乃至行政区划和传染途径的相关科学认知，类似 1854 年伦敦霍乱时约翰·斯诺（John Snow）医生所做的工作（图 4），以帮助改善未来的城乡规划、城市设计和建筑设计规范的修改完善和局部更新，避免具有高概率致灾因素和可能的城市功能布局和载体环境产生。

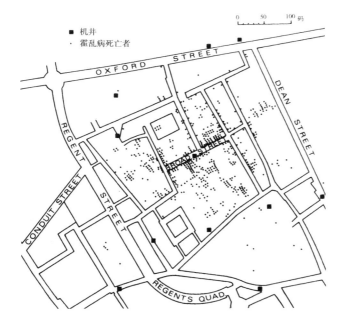

图 4 斯诺医生绘制的医学地图

（4）重新梳理各类建筑设计和建设规范。根据间接了解的此次疫情，应该特别注意对健康安全敏感度高、使用人员密集并可能长时间滞留的公共建筑及环境，如自由贸易市场类建筑、各类观演和办公建筑、高密度居住社区等的疫情安全"体检"和"诊断"，尤其应制定公共卫生条件、废弃物和环境污染的建筑处理对策等，权衡好短期成本和长期受益的关系，为未来建筑设计规范的修改完善乃至更新提供参考，从物质载体优化的角度帮助应对具有高度不确定性的城市突发灾害"黑天鹅"事件。

最后，需要指出的是，规划和建筑领域能够做的不是医学、生物学、气候学、生态学等领域的工作，而是环境载体对人类聚居卫生设施和条件完善的科学认知和建设规范。经过两千多年的发展和不断完善，城市规划、城市设计和建筑设计在今天都已经有了成体系的与环境卫生和健康相关的规范和标准。通常，对于大概率、周期性可能发生的灾害类型，如洪涝、风灾乃至地震等，城乡建设制定的标准和规范目标相对明确，目前也设定了不同等级的设防标准，如按照城市的规模和重要性有百年一遇、五十年一遇和二十年一遇的不同防洪标准。抗震也有类似的分级标准。但总的来讲，制定防灾标准还是应该基于灾害发生的概率与止损代价的均衡，一个城市发展总是一个多目标优化和综合兼顾的整体。对于特定的小概率发生却会产生大概率负面作用和影响的疫情，未来的规划和设计需要从专业的视角做出科学的认知、研判和预警。我们的相关专业技术规范最应该做的是研究制定兼顾城乡人居环境品质提升、社会活力充沛、舒适美观宜人的综合性防灾规范和建设标准。历史上可能对阻止和延缓流行性传染病的建设性措施和规范主要针对城乡的上下水系统（雨污分流）、与日照健康有关的住宅间距、与通风朝向有关的城市和建筑群布局等，今天又有了绿色建筑、生态城市、健康城市等相关的理论和实践探索，这些内容显然并不只是针对特定传染病的传播。所以，未来中国城市规划和建筑规范的修订、更新和完善应该是多目标优化的工作，希望 SARS、MERS、埃博拉、新型冠状病毒等的病原学、流行传播路径和病理学研究成果能够运用在这项工作中，但绝不是只针对新型冠状病毒的单一修订和更新。

参考文献

[1] 威尔斯，海斯.全球通史——从史前文明到现代世界 [M]. 李云泽，编译.北京：中国友谊出版公司，2017.

[2] 里德.城市 [M]. 郝笑丛，译.北京：清华大学出版社，2010.

[3] 霍尔.城市和区域规划 [M]. 邹德慈，李浩，陈熳莎，译.北京：中国建筑工业出版社，2008.

图片来源

图 1 贝纳沃罗.世界城市史 [M]. 薛钟灵，等译.北京：科学出版社，2000：765.

图 2 Morris. History of Urban Form, Before the Industrial Revolution[M]. London: Longman, 1994：258.

图 3 贝纳沃罗.世界城市史 [M]. 薛钟灵，等译.北京：科学出版社，2000：793.

图 4 霍尔.城市和区域规划 [M]. 邹德慈，李浩，陈熳莎，译.北京：中国建筑工业出版社，2008：16.

02

建立空间规划体系中的"防御单元"

段　进

建立空间规划体系中的"防御单元"

Establishing a "Defense Unit" in Spatial Planning System

（原载于《江苏城市规划》2020 年 2 期）

段　　进

东南大学建筑学院教授

中 国 科 学 院 院 士

一、从战术应对到战略思考

17年前SARS疫情仍历历在目，新型冠状病毒肺炎疫情又席卷而来。不管付出多少代价，相信我们必然在这场战役中取得胜利。问题是我们的城市在应对病毒疫情时依然显得仓促、无力和慌乱。战略思考的关键不在于战术经验的总结，而是当未来新的疫情发生时我们应如何从容应对。

二、从行动呼吁到空间落实

从19世纪中叶英国的公共卫生事件，到现在的"以人为本"，城市空间一直是健康生活的重要支撑。针对病毒疫情，找到并控制传染源，这主要是医务人员的工作。控制传播途径，防止病毒疫情扩散，这与城市空间密切相关，无防御能力的空间加大了疫情传播的风险和防控的难度。因此，规划专业人员应迅速从理念的转变、行动的呼吁转向空间规划设计的落实。

三、从行动呼吁到空间落实

病毒传染没有边界，城市化增强了病毒传播的能力。建议合理组织社会空间和城市空间的融合及阻断方式，通过"防御单元"建立一个有效预防和应对突发事件的空间体系。

以往城市发展的无序蔓延造成城市复杂性太高，整体性难以拆解，空间管制太难。因此，建议以防御单元为基础，建构城市组团、社区治理和体系分级。

城市组团缩短了决策链，增加了片区应对突发事件的可行性和城市整体的安全性。

社区治理，充分发挥自下而上的自组织力量，通过规划加强基层医疗设施保障、人员配备和城市空间的可控性。建立社区基本单元自治管理，又互相支持、互相救助的机制体系分级体现了应对突发灾害的弹性和灵活性。如"分布式接诊，集中式治疗"，让基层社区医院、小区门诊也发挥重要作用。而高层级的防治设施和预留空间，通过针对不同灾害类型制定功能转换方案实现综合利用，如建立小汤山医院、方舱医院，形成新层级的防御单元或体系。

体系分级有利于科学建设城市综合防灾空间、避难场所、疏散通道等，也有利于城市综合防灾能力的预案研究。武汉"封城"后，公共交通系统停运，本意是减少人口流动，阻断病毒的传播，然而对医护人员和病人出行却产生了负面影响，体现了预案的不足之处。

以防御单元为基础的空间体系还可以提高各种不同特征的应急预案数字化水平，健全以情景为主线的应急预案流程管理，同时也利于分单元进行应急演练，从而优化应急机制和提高居民应对突发事件的素质。

总之，防御单元的建设不像传统的防治地震、洪涝、台风等自然灾害那样制定一套技术规范，而是针对不同突发事件和灾害程度的弹性应对，是与安全监测和防控管理协同的空间分级体系和多部门跨学科的综合结果。

03

城市空间单元组织设计中的"分"与"共"

韩冬青

城市空间单元组织设计中的"分"与"共"

"Separating" and "Sharing" in Urban Space Unit
Organization Design

（原载于《建筑学报》2020 年 3-4 合刊）

韩冬青

东南大学建筑学院教授
东南大学建筑设计研究院有限公司总经理

中国人口规模与土地资源的大背景，决定了我们必须在高密度的现实前提下，讨论安全聚居进而高质量聚居的话题。城市的本质在于流动、汇聚、激发，而突发传染性公共卫生危机的处置程序却是发现、隔离和救治。城市空间组织的"分"与"共"构成一种难分难解的相互依存关系，这种关系需要在多重尺度和连续梯级下有序展开。城市空间单元不仅是工作和生活的物质载体，也与社会治理的组织结构密切相关。如果城市的功能配置可以在不同的空间梯级中形成一种合理的分形网络，使人的日常生活需求能够在一个有限的局域空间范围内得到基本满足，这不仅有利于城市安全保障体系的建构，同时也有利于城市聚居的资源节约和环境友好。我们需要再次回溯现代主义城市以来功能分区、中心区体系、组团布局、邻里单元等既有的空间组织策略的得失成败，重新认知和发展适宜于中国城市的空间单元组织观念和策略。

一、坚持和优化组团形态的空间组织模式

在保护、控制和优化自然生态基底和廊道的前提下，"职住平衡 + 公共服务"混合式组团布局，形成组团间的相对分离和组团内步行尺度下的生活共同体。城市公共卫生体系的建设有必要覆盖到空间组团，反之，组团的规模尺度及其内部的公共服务设施则要适应公共卫生危机事件的应变处置。万物互联的时代，组团公共服务可以在线上和线下自由结合或切换，交往与交换可以在日常聚集与战时疏离两种状态中快速地调整。科学的组团结构和要素配置不仅提供日常生活的基本场所，也有利于在突发疫情下的区域隔离与防护，利于短时期内控制局域人口大量且密集的流动。

二、重新认识、利用和优化中国的"大院"模式

近年来，"大院"模式饱受非议，但从这次抗击新冠疫情的实践角度观察，恰恰是大院为此提供了特殊时期防疫管制的空间基础。如何兼顾城市空间的日常开放共享与突发性公共卫生危机事件下的分区防控，就需要着力研究不同类型的组织单元尺度、功能配置和边界形态的动态性转换等课题。开放式街区还是封闭式大院，这未必是黑白分明的二选一，而是城市空间组织单元在不同时态和境遇下的应变之策。传统大院有可能进化为平战结合的"新大院"。

三、城市建筑助力建构集约化空间单元新路径

从一些传入性城市来看，这次新型冠状病毒肺炎疫情的空间分布具有不均匀特征，老城区与新开发地区相比似乎更安全。这仅是病毒携带者造成的偶然分布，还是与城市空间组织肌理具有病毒传播学意义上的相关性，尚待深入调研。不过，我们团队已有的研究初步表明，一些旧城比新区更具集约性，"高"和"大"并非是空间集约的最佳策略。拔地而起的高塔在城市中立起成群的孤岛，电梯在疫情突发时令人恐惧又难以回避；封闭内向的超级商场恰恰是病毒传播的危险场所。我们需要放下追逐高大的迷信，在"量—形—质—性—时"的关联中探寻能安全、便捷地回到地面场所的新路径。集约化的本质并非在于高大且无法剥离的开发强度，而是在于各种空间要素间复杂而有序的链接与合成。城市的安全不能指望鲁莽的刚强和高大，反而应寄望于柔软、灵活、可变的韧性。这是城市建筑应该具有的真正内涵和品质。

四、在共建共享中再塑社区精神

社区是拥有某种共识和信念的共同体，社区精神是城市基层空间单元的灵魂。如果使用者和共享者可以真正融入环境的创建和运行合作中，那么，在日常的平凡互动中积累起的信任和默契，就会在灾难来临时成为于隔离中展开合作的有效编码。当代社会，我们每个人都可能置身于多种不同的社区中。无论是住区，还是工作街区，无论分享快乐，还是共赴艰难，社区精神都是最基本的摇篮和堡垒。

及时检视评估，补齐城市防灾救灾的"短板"

朱光亚

及时检视评估，补齐城市防灾救灾的"短板"

Inspection and Evaluation in Time to Make up for the
"Short Board" of Urban Disaster Prevention and Relief

（原载于《城市建设》2020 年 6 期）

朱光亚

东南大学建筑学院教授

17 年后的"轮回"引人思考，疫情暴发过程也是其他领域可能灾难的模拟预演，值得借鉴。建议住建部门除了做好随时接受上级临时安排的支援防疫的工作外，也考虑：（1）如果能够对城市物业管理部门发挥作用，可就如何做好电梯、走道、入口等的消毒工作制定几条建议或要求发布下去；（2）和自然资源厅国土空间规划局协调沟通，共同对以往城市规划中的公共卫生布点是否充分做一次检查提出调整意见；（3）及早及时地做好对城镇历史街区防灾规划是否到位、是否短板，特别是市政设施的工程进展状况做出检查，对大城市隧道和马路、低地积水排出预案的可靠性做出检查，对今年厄尔尼诺现象可能会对环太湖流域各历史文化名镇造成的损害制定应对措施；（4）汲取湖北教训，反对形式主义、文牍主义、敷衍塞责和官僚主义，不满足于纸面上的游戏，深入实践，发现问题和协调各部门共同解决问题，把毛主席说的对党负责和对人民负责的一致性作为我们工作的出发点，提高决策的科学性，注重实效，防患于未然。

"复工潮"下都市圈跨界治理与疫情管控的空间策略建议

陈宏胜 王兴平

"复工潮"下都市圈跨界治理与疫情管控的空间策略建议

Suggestions on the Spatial Strategy of Cross Border Management and Epidemic Control in Metropolitan Area Under the "Resuming Work Tide"

（原载于《光明日报》2020 年 2 月 24 日 16 版）

陈宏胜　王兴平

陈宏胜

东南大学建筑学院副教授

王兴平

东南大学建筑学院教授、博导

当前新型冠状病毒肺炎疫情暴发，都市圈跨界流动及其治理问题越发凸显，同时也对都市圈发展与规划提出了新的要求和方向。都市圈是我国人口与经济的核心增长空间，都市圈一体化建设是我国未来进入"十四五"发展阶段重要的区域发展议题。改革开放四十余年来，我国经济社会快速发展，城镇化水平不断提高，人们生活水平也大幅提升。在区域发展上，全国区域经济版图已基本构建完成，长三角、粤港澳大湾区及京津冀等重点发达区域的内部经济空间体系不断完善，发达区域的中心城市的集聚和扩散能级不断提升，以中心城市为引领的高质量都市圈一体化建设不断加快。在都市圈一体化发展中，一般以区域中心城市为核心，中心城市与邻接城市在交通、产业组织、职住空间、资本流动等方面高度关联，产生了模式多样的都市圈新功能分工及空间组织。其中，在近年的都市圈一体化规划建设过程中，以中心城市"功能疏解"为主要探索内容的都市圈规划有序开展，重点对人口规模及产业类型进行优化调整，不断优化区域功能布局及空间组织。

都市圈一体化发展是区域城镇化进程的重要发展趋势，但以往的规划与发展实践往往聚焦于城市交通、职能及产业空间的组织优化，多以城市为单一行动主体进行规划引导，较少以城际联动特别是跨界发展为重点内容进行规划引导，专门从都市圈尺度的疫情防控规划及治理预案也不多。受本次疫情的严重冲击，健康都市圈发展规划将是未来区域发展的核心议题。在当前的都市圈疫情防控中，主要以行政属地疫情防控为主，如在防控疫情传播上，上海市暂停了地铁11号线花桥站—安亭站区段的运营，以避免疫情的跨界传播。然而，在企业复工在即，都市圈内部大规模的日常化的人口流动即将恢复时，亟须形成新的常态化的跨界流动及跨界地区的疫情防控空间策略。长三角区域中，中心城市与邻接城镇日常流动频繁，如上海都市圈的上海—苏州（昆山）、南京都市圈的南京—句容/仪征/马鞍山等。都市圈内部经济社会联系度高，不仅产业空间组织高度关联，而且职住一体化程度也相对较高（如南京不少居民在句容居住而在南京工作），日常通勤流较大，都市圈疫情跨界监测及防控等面临巨大的挑战。

都市圈是我国经济社会发展的命脉所在，长三角、粤港澳大湾区、京津冀为我国东部沿海最重要的增长极，也是全国人口的主要流入地，此外，东、中、西各大经济板块及不同省份均以都市圈为发展引擎，全国30多个都市圈带动区域整体发展。以都市圈为核心载体，人口与资源要素高速跨境、跨界流动，但是在新型冠状病毒肺炎疫情暴发的特殊时期，恢复都市圈高速发展的经济社会秩序面临巨大的困难。"防疫战"是人力和物资消耗战，是一场"国力之战"，只有依托强大的经济体系才能取得"战疫"的胜利，防控与发展已经成为当前最重要的两大主题。都市圈经济空间体系完整，是发展秩序恢复期间重要的疫情协同防控单元，针对都市圈疫情防控需要长效治理体系的构建。在此背景下，针对疫情暴发后所暴露的都市圈跨界治理问题。

本文从以下四个方面提出跨界治理与疫情管控的空间策略。

首先，实施区域整体防控，构建分阶段、分级、分类疫情空间管控体系。如长三角超级区域防疫圈下，人流与物流运转频繁，有必要进行整体协同防疫，以都市圈为防疫资源与防疫空间的调配与操作单元，上海都市圈、南京都市圈、杭州都市圈、合肥都市圈等分别形成体系化的疫情治理与防控的分类分级物资与设施保障圈，稳定内部疫情的同时，重点对日常跨界通勤流较大、同城化程度较高的边界地区（如上海—南京、上海—苏州（昆山）、南京—句容／博望等）进行协同防控，制订和实施都市圈疫情综合防护应对计划。在地方性防疫资源短缺问题上，以都市圈为基本单元统筹调配，实现就地就近的生产和供给，如口罩、消毒水及特效药物等，建立区域性"生产—供应"体系，逐步解决跨区域、长距离防疫物资调动问题。随着输入性病例的不断增加，应对跨境输入性疫情防控需要，建议以都市圈为基本单元进行国际航班统一协同管理，协调区域内部不同都市圈入境流量，避免来华人员过度集聚，强化重要关口检测，就地隔离观察与异地隔离观察并行，防止由于境外输入性病例导致局部疫情反弹。

其次，针对当前复工潮的逐步开启，居民的跨界流动难以避免，要及时、系统地制订城际跨界流动人群健康监测及应对方案，针对突发性疫情集中点快速划定防疫片区，及时集中收治病患。针对都市圈尺度下的城际人口流动及疫情防控，城际协调是解决跨界疫情防控的关键。城际防控理念要适应人口常态化高速流动的特点和需要，其中城际联防联治对恢复都市圈经济社会秩序非常关键，并要求精确地针对跨界人口流动的规模、职住空间的分布进行城际流动人口健康状态的跟踪与监测、城际疫情信息的互联互通等方面的一体化工作，并及时找到关键接触点，实施有效的应对举措。此外，针对疫情治理的阶段性变化，跨区域的规模化人口流动已开始出现，"地方飞地""地方性聚居"等人口流动情况也在增多，可以社区或片区为基本单元进行综合疫情防治，特殊时期及时划定防疫片区，快速改造集中收治空间，集中收治疑似病例及患者，避免疫情进一步扩大。在本次疫情治理工作中，社区在城市治理体系中的作用和功能得到非常好的体现。未来要进一步强化社区功能，重视社区作为城市基层治理单位的重要意义，保障社区层级具有一定的事权与物权，锻炼社区自组织与自服务能力，针对疫情防控对不同社会结构的社区制订不同的工作方案，强化社区居民出行轨迹跟踪调查及健康状态监测，为"后疫情"阶段经济社会秩序的恢复做足准备。

第三，优化都市圈的健康空间布局和健康产业组织。都市圈的一体化发展是城镇化进程的发展趋势，特别是随着城际轨道交通和快速交通的全面贯通，连片都市区的规模在不断扩大，城市的经济社会活动已超出行政辖区的范畴，传统以单一城市为主体进行功能布局及产业空间组织的模式将逐步上升至都市圈尺度实施。在发达区域，中心城市的城市空间成本显著高于周边城镇，城际空间互补性非常强，跨城空间组织已经成为都市圈中心城市的重要城市发展课题。新型冠状病毒肺炎疫情暴发后，区域健康空间组织及健康产业保护等以往未得到足够重视的城市发展问题凸显。如在疫情暴发期间，区域性防疫物资短缺问题突出，口罩、消毒水及部分感冒药物等的区域性生产体系无法实现就地及时供应，而通过跨区域物资调动又耗时较多、成本较高。特别是在口罩的产生中，受生产许可及上下游生产资料的制约，不少区域的口罩生产能力与区域人口规模、疫情等并不匹配，加之特殊时期对口罩的巨量需求，区域性短缺问题极其突出。在以往的城市发展历程中，受城市生产成本的快速上升及城市空间集约化利用的影响，不少虽关系百姓民生但单位产值较低的第二产业（如纺织业）在大城市的经济体系中不断萎缩，甚至在"退二进三"的政策下被"一刀切"，为日后新产业危机留下隐患。在安稳时代，这类基础性民生产业的收缩可能并不会对区域的经济社会体系的稳定产生显著的消极影响，但在特殊时期这类基础产业却成为影响人们健康生活的关键。加之，由于受产业生态体系的传承性的影响，临时增设这类应急性、基础性产业存在巨大的困难，进一步影响物资短缺问题的解决。经历此次疫情后，我们要在城市发展中重新思考市场规律与规划干预之间的平衡点，找到关乎城市根本命脉的发展问题，并从都市圈尺度优化医疗卫生防治空间体系及保护基础性制造业产能，保护都市圈产业体系的完整性，提升都市圈产业空间组织的合理性及抗风险能力。

最后，探索极端条件下都市圈治理预案。新型冠状病毒肺炎疫情的暴发对我国经济社会的冲击是方方面面的，也让我们重新评估城市的现代化水平和抗风险能力。面向不确定的未来，我们无法避免不再遭受灾害对人类文明的冲击，而能做的就只有时刻做好准备，以待危机到来之际，争取更多时间来应对和解决。除了重大传染病疫情外，我们还可能面临金融危机、突发性的自然灾害、大规模的社群冲突、网络危机甚至是局部战争等，在高度一体化的现代社会中，偶发性事件随时可能因为"蝴蝶效应"而快速扩散，破坏性能级不断提升，危及社会的稳定和可持续发展。都市圈治理要以此为鉴，重新评估城市及区域的抗风险能力，探索极端条件下的都市圈发展与治理预案，建立都市圈尺度的危机时期"生产—供应"空间体系。都市圈规划治理预案要在危机之下最大化地提高人们的生存能力，同时也要增强人们的风险意识及危机下的生存技能，共同构建可持续发展的社会。

06

针对疫情的城市功能—空间应对策略：
城市应急管理手册（纲要）

东南大学建筑学院　等

针对疫情的城市功能—空间应对策略：
城市应急管理手册（纲要）

Urban Function-Spatial Response Strategy for the
Epidemic: A Concise Manual on Urban Emergency
Management

东南大学建筑学院
城市遗产保护与可持续发展研究室
城市与建筑遗产保护教育部重点实验室（东南大学）
联合国教科文组织文化资源管理教席

一、引言

城市是一个承担人类日常生活和各种生产、交往功能的复杂巨系统。

城市的功能—空间结构是在长期的历史过程中发展起来的，在一般情况下这种结构大体能够满足城市的日常需要，并随城市的发展转型不断调整优化。这是一个持续、渐进、稳定的演进过程。

进入 2020 年，随着新型冠状病毒的突然出现，我们发现，许多现代城市仍然缺乏应对重大突发公共事件和灾害的基本能力。其实，在人类的发展历史中，包括瘟疫在内的各种灾难总是相伴而行，在一定程度上，城市就是在人类应对这些灾难的过程中不断进化的。过去十余年来，世界上发生过多次波及多国的严重疫情，对人类社会的健康发展产生了严重的影响。因此，联合国于 2015 年制定的《2030 年可持续发展议程》中提出了人类发展目标系统，其中专门涉及关于城市安全、健康、卫生、可持续以及应对紧急灾难和环境问题的子目标，从不同角度提出了当前人类社会发展的不足以及应当努力的方向。

从医学的角度看，一旦出现重大突发公共卫生事件，就要在最短的时间里甄别病情，阻断传播途径。而城市功能—空间结构就应当据此做出快速调整，从以满足日常生活为目标到在满足基本生活需要的同时最大限度地满足应对疫情发展的紧急需求。这可能会影响到一部分人的正常生活，但如果不能在疫情大暴发以前有效地阻断病毒传播，则更多的人会受到感染，从而影响到所有人的生活。所以，在应对新型冠状病毒肺炎这种危险传染病的时候，既需要从国家到地方各级政府及时做出正确的决策，更需要每个人做出符合社会共同利益的选择。只有城市与个人的意愿和力量形成合力，才能快速有效地战胜疫情。

据此，针对城市应对新型冠状病毒肺炎疫情在功能—空间方面应当采取的紧急措施，本手册结合中国一些城市的经验做出回应。

本手册编制过程中参考了以下法规条例：

(1) 《中华人民共和国国境卫生检疫法》，2018;

(2) 《中华人民共和国传染病防治法》，2013;

(3) 《突发公共卫生事件应急条例》，2011。

二、总述

本手册遵循世界卫生组织颁布的《国际卫生条例》(2005)、《突发公共卫生事件防范和应对》(2018) 等文件所制定的规则。

本手册提出在突发疫情情况下城市功能—空间的应急调整措施，这种调整应当以各个城市的具体条件为基础，以最大限度地保证城市获得必要的应对能力为目标。

从城市更新与发展的角度看，城市应对突发疫情的能力依赖于城市既有公共卫生设施本身的健全度、其在空间上分布的合理性以及相互之间的契合度。归根结底，要依赖于城市从宏观到微观层面的管理能力。如果城市拥有足够强大的管理能力，则有可能在既有资源相对不足的情况下获得相对较好的结果。

从城市历史的角度看，任何疫情或灾难都是所谓的"小概率"事件，其在长期的城市过程中发生的概率并不大。但如果城市没有有效的预防措施，这种"小概率"事件一经出现，就有可能产生较大的负面影响，甚至成为城市灾难。因此，城市必须科学合理地采取有效预防措施，丰富应对手段，提高应对非常规的"小概率"事件的能力。

从城市运行的角度看，应对疫情需要城市不同层面、不同部门之间的密切协调与配合，这就需要及时调配包括医生、设备、物资等医疗资源以运往最需要的地点。城市应当对紧急情况下的医疗救治点、专业交通、物资储藏、人员与资源供给方式、交通管理等留有预案。

控制疫情的关键在于减少人口流动，尤其是限制疑似感染人群在公共场合的出现。而如何限制人员流动是一个十分棘手的城市管理问题，各国应当在自身体制条件下寻求合理、可行、有力的解决方案。

在疫情发展过程中，每座城市都应当首先立足于自救，只有当自身能力已不足以应对疫情扩散时才需要外界支援。但对国家政府来说，一旦有任何一座城市出现疫情，就应当及时制定应急对策，调配必要的资源，指导地方防控措施，尽最大可能将疫情限制在最小范围内。

我们希望本手册不仅能够对克服此次疫情有帮助，也希望能够对以后的城市更新和功能提升有一定的贡献。

三、城市功能—空间结构方面的不足

城市在紧急情况下显得功能不足其实是一种正常现象。而一旦出现这种状况，就要在最短的时间里提升应对功能并对部分空间结构做出必要的调整。这种功能—空间的调整过程是随着疫情的发展而进行的，因此需要提前对城市功能—空间结构做出及时评判，了解问题所在，准备应急预案。在许多情况下，在面对疫情出现时城市功能—空间方面存在的问题包括：

（1）医疗设施不足。这种不足主要表现在医疗机构总量不足、分布不均，或者水平不高、资源缺乏等方面。在一些城市的医疗体系中，社区层面的诊所往往不足，而这一层级能力的缺失容易导致城市对疫情的反应时间滞后，使其在城市各系统做出有效应对以前就开始扩散。

（2）城市人口密度过高。这一问题在特大和超大城市中尤为突出，往往某些老旧地段的人口密度要高于其他地段。此次新型冠状病毒具有传染能力强、潜伏期长和人传人的特点，在人口密度大的城市中更易扩散。这类城市更难控制人口流动，难以切断病毒传播途径，且城市其他系统在实行必要的隔离之后也会面临更大的压力。

（3）交通拥堵。造成交通拥堵的原因包括城市道路等级体系不佳、道路设施及交通管理水平不足等。城市道路交通系统是疫情发生时保证医护人员、病患、各类物资等及时运输的重要系统，是防疫时期城市的生命线，应首要保障其通达性。

（4）开放空间不足。开放空间不足主要体现为大型开放空间分布不均，小型开放空间数量少、尺度小等。疫情期间，城市开放空间可开辟为临时物资储存点、临时病患接收点。开放空间不足也意味着城市应对重大突发公共卫生事件时的缓冲空间不足，对抗风险的潜力相对降低。

（5）公共服务设施不足。一些城市可能存在公共服务设施总量少、规模小、分布不均等问题。有些大型公共服务设施如体育馆、展览馆、学校等均可在应急状态下转换成临时医疗设施以缓解城市收治、隔离的压力。

（6）民众对疫情的严重性了解不足。虽然这一点看起来与城市功能—空间问题关系不大，但实际上从当前一些国家的现状看，这种认识不足会严重影响城市功能—空间应急作用的正常发挥。它导致城市失去宝贵的早期响应机会，从而使城市在开始应对疫情时，就已经演变成为大范围的严重事件。当疫情暴发时，如果缺乏公共部门和媒体的正确引导，公众对于危机的耐受程度就会变得比较低，容易出现社会恐慌及抢购等现象，影响城市正常功能的运行，使有限的公共资源难以发挥应有的作用。

借助中国近年来各地建设起来的"智慧城市"网络系统，本来应当可以应对大部分上述问题。在正常情况下，"智慧城市"公共卫生网络系统最大的效能在于疫情发生的时候能够及时发出早期预警，从而为城市提供宝贵的反应时间。然后可以通过大数据及时找出感染人群的位置和分布，便于城市调配人力、物力资源采取隔离和治疗措施。但实际上在疫情发生的时候，许多城市的这种系统没有发挥应有的作用。相关部门应该及时反思并根据此次疫情认真检查其中的问题。无论如何，及时收集必要的信息并正确地利用信息是解决这些问题的基础。为此，中国的应对措施就是采取自上而下与自下而上密切联动的社会动员和城市应急管理方式，事实证明这是非常积极、高效和可持续的方法。

四、防疫空间策略 —— 从基层开始

在此次疫情中，中国主要采取集中收治的方法。为此各个城市的社区都动员志愿者在医生的指导下开展普遍的流行病学调查，力求在最短的时间里确定受感染者和密切接触者，发现确诊病例后集中转送到城市定点医院收治。所有这些都得益于社区的贡献。

从社区发现、报警、隔离到城市集中医治，再回到社区观察、服务、管理形成完整的城市疫情应对链条。这是此次疫情过程中形成的十分有效的"中国方案"。

如广东省深圳市，在疫情暴发后采取基层发热门诊采样，送往当地核酸检测机构进行检测，确诊病例直接送往定点治疗医院。其余人员分为三类，高风险人群（疑似病例、密切接触者、有高风险地区旅行史等）须前往指定医疗机构进行集中医学观察；中风险人群（居家隔离未满 14 天的出院确诊病人，解除医学隔离未满 14 天的无症状感染者等）采取居家隔离的方式；低风险人群在体温检测正常后可正常出行与复工。

● 图 1　深圳市确诊病例活动／居住场所分布图

● 图 2　深圳市确诊病例活动、发热门诊和定点医院分布叠加图

五、城市防疫单元

深圳的防疫方式需要充足的医疗资源与足够的收治空间。但如果城市医疗资源与空间资源并不足，则可以采用分散—集中应对模式。根据前期应对经验，医院本身往往并不足以独自抵御疫情，还需要周边社区和相关公共设施提供必要的支持，如利用医院周边公园、广场、体育设施建设临时方舱医院作为医院系统的扩展。另外还需要周边其他服务设施，如酒店、商场等提供必要的服务。这个时候整个医疗系统需要比以往更多的资源和服务，如果能够把其周边的相关资源整合起来，则将大大提高城市应对疫情的能力。这就是基于分散—集中应对模式的"防疫单元"的基本概念，它可以视城市具体情况分为社区级、区级和城市级三个级别。在城市层面也可能是由若干区级"防疫单元"形成一个综合性的簇群，即"防疫单元"群。无论如何，这种"防疫单元"的根基在社区。根据城市结构和社区分布设置一系列集中收治系统，形成一个个相对独立又相互关联的"防疫单元"，并以此为基础建立多层级功能—空间防疫体系。这种"防疫单元"体系建构的基本原则是缩短反应时间，提高医治效率，节约运行成本，获得市民支持。

针对上述问题及病毒特性，在疫情期间主要应对措施包括：

（1）响应层级推前。即最基层医疗机构最先响应，这需要城市卫生部门向基层社区提供一定的医疗资源，提高应对传染病的基本能力。

（2）建立城市"防疫单元"体系。如果城市拥有专门的传染病医院，则应当以其作为基本医疗基地，与各片区／社区医疗机构联网，随时通报受感染及确诊人员信息，随时准备接收病人。如果没有专门的传染病医院，或传染病医院已经不敷使用，则以基层社区医疗设施为中心建立严格管制的"防疫单元"体系，并作为城市防疫过程中的基本空间单元。这种"防疫单元"以社区级医疗点为中心，包括其所服务的社区范围内的相关公共资源，如急救车、可以用于紧急容纳病人的公园或广场，在必要时可以建设临时性方舱医院。

（3）单元化救治。即各类资源有序进入"防疫单元"隔离，就地排查疑似病例、救治确诊病例，在可能的条件下尽量避免将病患随机输出到城市其他单元救治。

（4）城市系统保障。城市各系统保障对防疫单元提供有序、高效的人员、物资、设施支援。建构城市级、区级、社区级"防疫单元"系统的目的，是尽量使病人集中、就近得到医治，减少不必要的人员和物资流动。当然，这样做的前提条件是城市必须向基层社区提供必要的医疗资源。

1. 以城市"防疫单元"为功能—空间基本架构，满足不同阶段医治需求

可设置城市医疗中心—区级"防疫单元"—社区级"防疫单元"三

级防疫系统，其中以社区为基本"防疫单元"。"防疫单元"并非只是医院或医疗设施本身，而是指以不同层级的医院或医疗设施为中心，包括其服务范围内的社区、各类公共设施与服务设施在内的综合应对系统。

（1）疫情初始阶段。在疫情开始的时候，病人也许只是出现在个别建筑中。这时应当及时发出警报，实施隔离和消毒，将病人移送至对口传染病医院进行救治，尽量降低附近人流数量，同时提高周边社区的预防等级。

（2）疫情扩散阶段。当在不同位置出现零散病例时，就要快速扩大防控范围，首先启动社区级"防疫单元"。同时在区一级范围设立功能更为全面的"防疫单元"，并将本区范围内的各个社区级"防疫单元"相关联，组成区级"防疫单元"群。区级"防疫单元"一般拥有2~3级医院或若干基层诊所、学校、公园/广场、商业服务及政府机关等设施，能够动员一定的专业人员和志愿者，在城市的支持下能够在一定条件下和一定时间范围内保持相对独立的运行和管理。

（3）疫情暴发阶段。"防疫单元"的作用是在疫情发展到危急程度以前就形成强力的体系化干预措施，实施有效控制和医治，从而使城市有能力、有时间在城市层面上启动更为广泛的紧急医疗体系。"防疫单元"有助于城市在疫情初期集中人力和资源，发挥既有医疗系统、服务系统、集体系统的综合效益。

但是当疫情在城市层面开始暴发的时候，单一的区级"防疫单元"就无法满足医治的需要。这就需要将城市的多个区级"防疫单元"关联起来，发挥集群作用。在这种情况下，须充分考虑各"防疫单元"范围内居民的安全和生活需要，保证物资供给。例如，可以考虑以某个规模较大的超市或市场为中心，承担生活物资的储藏、销售与交换。为此需要建立有效的紧急交通系统，同时关闭一些次要和毛细路网，使车流、物流和人流时刻保持可控的状态，即使这样会给部分居民带来一些不便。

因此，所谓"防疫单元"是在紧急情况下通过城市管理和功能—空间的临时性调整，满足医疗和救援工作的需要，同时保持正常的社区生活。

- 图 3（左） "防疫单元"管控示意图

- 图 4（右） 基本防疫单元措施流程图

2. 城市 "防疫单元"群

当疫情发展到暴发阶段，就需要将整个城市划分为多个"防疫单元"，形成簇群结构。在这种情况下，应以社区为基础将整个或者大部分城市空间划分为不同的"防疫单元"。这时要特别注意保持各个单元之间的联动关系，以时刻根据疫情发展调度医疗和服务人员前往最需要的地方，使每个单元拥有足够的资源应对疫情。每个单元都需要划定特殊地点以容纳疑似被感染的人群和确诊人群，如果医院和诊所不敷使用，就须就近征用一些公共设施如公园、广场、运动场、学校等作为临时安置地点。

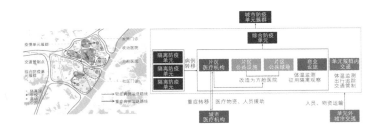

图 5(左) "防疫单元"群管控示意图

图 6(右) "防疫单元"群管控措施流程图

3. 城市管控

出现疫情的城市应在社区防疫单元发出预警后进入应急状态。在疫情初期持续监控各"防疫单元"的应对情况，保障市内医疗系统、服务系统及交通系统的正常运转，并提前做好收治更多病患的准备。疫情扩散至全城范围后，城市管理部门应视具体条件尽快决定或继续保持各防疫单元的独立运行状态，或强化其中一部分，弱化其他部分的功能将资源集中于最需要的地方。要统筹全市核心医疗设施与改造，新建医疗设施对轻、重症患者进行合理分配，隔离治疗。城市交通系统需要重新组织，阻断部分内部道路，限制公共交通运营，将其调整为防疫应急物流系统，为各类物资向各防疫单元的运输提供保障。同时，将人口的流动性降低到较低级别。

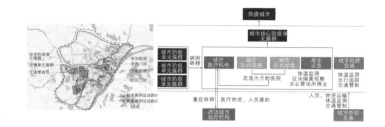

4.支持系统——交通、公共设施、后勤补给、基础设施

疫情期间为保证有效隔离应关闭"防疫单元"中部分毛细路网，限制"防疫单元"内普通民众不必要的流动。同时道路系统作为抗疫时期的重要支持系统，应保证主干路网体系通畅，使各类物资可以顺利地运往各个"疫情单元"。所有车辆以固定路线进出"疫情单元"为佳，保证车辆流程可追踪。公交系统在疫情初期可选择改线或暂停部分站点的措施，维持"疫情单元"的隔离状态；在疫情难以控制时最好暂停公共交通运营。

严格控制城市对外交通节点，实行交通管制，暂停普通民众使用水运、航空、铁路及部分公路；在城市各出入口设检疫点和紧急疏散空间，也可在有条件的火车站或机场周边设置隔离点，保证各类人员的安全进出。

调配应急车辆(如出租车、网约车、公交车、物流卡车)并分类，组织运输医护人员、警察等一线工作人员通勤以及运输医疗物资、市民生活物资、紧急人员(如非感染的其他慢性病患者、其他突发性疾病病人、孕妇等）。

要切实保障居民正常生活，确保城市水、电、气、通信正常运转；同时对城市排水系统进行监控，防止粪尿造成气溶胶或接触传播。

六、城市公共服务系统重组

城市公共服务系统在面对城市疫情时，应作为医疗设施的后备与支持系统。部分大型公共设施应具备可迅速改造为符合收治标准的临时医疗点的能力；市场、商超等应维持货物供应，以保障隔离单元居民的日常生活；旅馆、酒店等可作为流动人口或医护人员的临时入住场所等。

（1）建设方舱医院。鉴于基层医疗机构的资源有限，可以改造防疫单元内基层的社区活动中心等公共设施，在公共绿地搭建临时方舱医院，就地满足病人的收治需求。

（2）利用公共空间和设施。必要时改造体育馆、展览馆等片区级公共设施，在公共绿地搭建临时设施，就地满足疑似病例的观测、轻症病人的收治需求。

（3）保证儿童和青少年安全。暂停防疫单元内幼儿园、小学、中学等教育机构的运作，必要时可征用其作为临时疑似病例的收治场所。

（4）提高城市救助能力。针对防疫单元内的流动人口、孤寡老人、低收入阶层，如其无能力租房，由政府征用符合条件的旅馆、旅舍安排其入住，并加以隔离观测。

（5）强化城市仓储物流设施。疫情严重时可能会发生暂时性物资短缺现象，必要时可以调用大型企业的仓库设施，用作存储、转运、分配生活和医疗物资及其他各类物品的基地。

（6）加强对基层社区养老机构的重点观测和防护。身体免疫较差的老年人尤其易感并迅速发展至重症，应予以特别关注。及时调查摸底，建立特需人群数据库，提供必要的援助。加强精神病院、监狱等人员封闭场所的观测和防护，人员密集的封闭空间对于疫情的控制不利。

（7）充分发挥城市文化设施的作用。即使在疫情严重期间也保持一些开敞性文物保护单位、公园、游园等定时、定量、定向地为市民开放，这有助于向社会传递积极信号，宣传城市精神，弘扬城市传统文化。在城市遭遇困难的时候，通过传播城市历史文化知识，形成积极的城市管制措施，是及时凝聚民心、提振信心、共同抗疫的有力手段。

七、建构服务于人民的城市公共安全系统

2020 年 1 月以来，中国通过全民总动员的方式快速建立了一

种严格的疫情防御体系，以国家力量有效阻止了疫情在全国的蔓延。然而，这种体系的代价是巨大的，因此也不大可能在其他国家复制。中国能够为全世界提供的经验就是，在面对疫情的时候，第一，要迅速做出全局性的响应，及时调配各个层级的医疗力量，建立全国性的联防联控机制；第二，政府部门要及时发布正确和准确的疫情信息，向公众提供科学防疫知识，稳定社会情绪，避免由于错误信息而引发社会恐慌；第三，快速调整城市功能—空间系统和管理机制，形成有组织的城市防疫空间单元，全面提高应对疫情的能力；第四，发挥社区的基层组织与动员功能，使所有居民都成为疫情防控的积极力量。因此，针对新型冠状病毒肺炎这种突发性疫情，每座城市不仅要考虑一个社区或城市自身的利益，还要考虑国家和全世界的共同利益。在这种前提下，各国、各个城市应当快速建立符合自身特点的防控体系，并且互通信息、相互支持。只有这样，人类才会从根本上拯救自己。在面临疫情快速传播的情况下，任何只从小团体利益出发的短视行为，其结果都可能危害到自己。

每座城市的公共安全系统都在不断建设发展，但也许在任何紧急情况下都不敷使用。然而这并不意味着它毫无用处，却恰恰说明这种系统需要在不同的紧急情况下逐渐完善。必须指出，城市公共安全系统并不是为了一个目标或事件而设置，而需要考虑各方面的紧迫问题。针对此次疫情，城市公共安全系统完善的要点在于提高其系统性、可靠性、耐久性和灵活性。

（1）系统性：在城市功能—空间结构方面，需要加强覆盖整个城市的"防疫单元"群的系统性，确保城市不同防疫单元之间、不同层级和部门之间的密切联动。同时强化城市对防疫单元群的支持系统的建设，特别保证疫情信息的沟通，这样可以最大限度地提高工作效率、降低成本，同时减少不必要的人员流动。

（2）可靠性：要避免公共安全系统在紧急运行过程中出现停摆、失能等功能性问题的出现，以及在医疗过程中的病毒扩散和感染。疫情防治是一个人力、物力、财力的高消耗过程，为此要在社区层面和城市层面分别建立应急管理机构、联络处和志愿者服务站，在主要道路设置必要的关卡，保证救援物资和人员的快速流动。在社区推广无接触办公、信息交流和购物。

（3）耐久性：在公共安全系统中最不具耐久性的就是人力资源、一些重要的设施设备及其供给系统。要特别保护这些资源，保证医务和勤务人员的轮替和休息。在物资紧缺的条件下应优先保证医疗人员的各种需求，包括必要的物资补给，才能确保城市有足够的能力战胜疫情。

（4）灵活性：各类城市公共设施应具备在紧急情况下应对不同需求的可能性，这就要求这些设施能够根据需要形成相互关联的城市功能—空间支持系统，以满足针对包括疫情、地震等各种重大突发公共事件的救援要求。此次疫情暴露出许多重要医疗设施的周边环境存在空间局促、环境不佳、交通不畅等问题，应在今后的城市更新中予以解决。

公共安全系统的系统性、可靠性、耐久性和灵活性不仅依赖于政府部门、专业机构和先进技术手段，也依赖于社区和市民的全力维护和支持。

项目主持
董　卫 教授
联合国教育、科学及文化组织文化资源管理教席
中华人民共和国住房和城乡建设部科学技术委员会历史文化保护与传承专业委员会委员
中国城市规划学会规划历史与理论学术委员会主任委员

参与研究
江　泓 副教授
徐英浩、丁小雨、程丽圆、林佳叡等研究生

案例研究
汪　艳 博士
余姗姗、袁心怡、朱安然、周妍、余畅等研究生

国际事务顾问
理查德·恩格尔哈特（Richard Engelhardt）教授
联合国教育、科学及文化组织亚太地区前任文化事务专员

公共卫生顾问
浦跃朴 教授
东南大学公共卫生学院

07

高密度城市的多尺度空间防疫体系建构思考

杨俊宴　史北祥　史　宜　李永辉

高密度城市的多尺度空间防疫体系建构思考

The Construction of Multi-scale Spatial Epidemic Prevention System in High-density Cities

（原载于《城市规划》2020 年 3 期）

杨俊宴 史北祥 史 宜 李永辉

杨俊宴

东南大学建筑学院教授

中国城市规划学会学术工作委员会委员

史北祥

东南大学建筑学院副研究员

史 宜

东南大学建筑学院副研究员

李永辉

东南大学建筑学院副教授

东南大学建筑技术与科学研究所副所长

一、引言

城市的出现改变了传统的人类聚居模式，城市化的进程又加速了人口向城市的集中，并逐渐产生大城市、特大城市、超级大城市、大城市群等高密度、高强度的人口集聚区，在当代社会人口、信息、经济等高频交互的背景下，形成全球紧密相连的城市网络。然而，人口高度密集的城市以及全球化的城市网络，也在很大程度上加剧了疾病的传播与扩散。自 2009 年以来的 10 年间，世界卫生组织（WHO）已经宣布了包含这次新型冠状病毒在内的 6 次突发国际公共卫生事件（Public Health Emergency of International Concern, PHEIC），平均不到两年就要发生一次影响全球的传染性疾病。在这之前，WHO 于 2007 年发布的世界卫生报告《构建安全未来——21 世纪全球公共卫生安全》称：自 1967 年以来，至少有 39 种新的病原体被发现，包括艾滋病毒、埃博拉病毒、马尔堡病毒和 SARS 病毒，并指出：新传染病正在史无前例地以每年新增一种或多种的速度被发现 [1]。然而，我们在感慨于病毒的肆虐，感动于医务工作者的逆行时，也应从专业的角度进行分析、批判与思考：我们到底能够为城市的健康、为疫病的防控做些什么？

实际上，自城市诞生以来，与疾病和灾害的斗争，一直都是城市规划建设提升的主要动因之一。在 1665 年的鼠疫和 1666 年的大火之后，伦敦重建采用了宽阔的街道和富裕的空间来取代原来拥挤的建筑和弯曲的小道，而这些正是瘟疫和火灾蔓延的温床。19 世纪中叶的霍乱又促使了伦敦改造城市下水道，建成世界上第一套现代城市下水道系统。而现代城市规划就是在 19 世纪英国快速城镇化时期，在应对城市中出现的疾病、环境、交通等严重城市问题时而逐渐产生的。这一过程经历了 1875 年的《公共卫生法》（Public Health Act），1890 年的《住宅改善法》（Dewllings Improvement Act），至 1909 年英国颁布了《住房与城市规划法案》（The Housing and Town Planning Act），这成为现代城市规划体系正式成立的标志之一。正是在与重大疾病和灾害的不断斗争中，产生了城乡规划学的新理念、新方法和新的规范标准，其最终的目标就是创造健康、绿色、宜居的生存环境。

在当今全球城市化超大规模、超高密度、快速高频率大跨度流动的背景下，城市规划建设与城市的疾病与灾害防控之间又产生了新的冲突。这场突如其来的公共卫生事件，是对我国国家城市治理体系的巨大考验，也揭示了中国当下城镇化发展中的不少痛点和问题。

1. 高密度城市造成的快速传播

我国城市多是高密度的单中心或多中心格局，造成城市就业和消费的重叠集聚，甚至不同城市、国别的人群在中心区集聚并高频交互。在这种情况下，如在城市中心发生疫情，就会随着人群的集散，由点到面地快速扩散出去，造成不良后果。职住的适度平衡也一直是大城市基础设施、公共服务设施及城市空间结构规划与发展的难点问题。

2. 中微观尺度上规划和治理体系的错位

城市控制性详细规划采用规划管理单元—居住区的两极体系进行布局，在规划管理单元中配置医院等公共服务设施；而城市治理则采用街道—社区两级体系来进行工作人员配置、公共卫生管理、疫情防治等。两者缺乏对位，社区作为本次疫情防治的基本单元，缺乏必要的公共服务设施支撑，常处在"有兵无枪"的窘境。

3. 防疫空间信息系统的缺失

在疫情及灾害信息方面，缺乏有效快捷的收集、整理、分析及公布系统，极易造成公众恐慌，进而引发连锁反应，造成物资供应的压力和民众的心理及精神问题，恐慌情绪甚至可能加剧人群的"出逃"，形成疫情更大范围的扩散和影响。英国早在应对霍乱时就已经使用疫情地图这种方式，并成功借助这一方式发现了污水对疫情扩散的影响。目前，我国已有多个城市发布了实时更新的疫情地图，并可供市民查阅，帮助市民了解疫情防控进展，为市民回避周边疫情发生地点起到了很好的作用，但我国尚未形成良好的信息收集及公开机制。

规划管理单元过大难以成为防治单元。城市控制性详细规划中，除了市级区级大型服务设施外，一般公共服务设施是按照规划管理单元配置的，百万人口地级市的中心城区通常划分为50~80个不等的规划管理单元，在其中配置中小学、医疗站、文化馆、商场、菜场等。如某地级市的规划管理单元平均为12 km^2，这种规划管理单元是应对快速城镇化时期大规模建设需求而产生的规划手段，大大超过市民的日常生活圈尺度，每个单元中配置的公共服务设施缺乏统筹管理和统一调配使用机制，使得它无法成为城市治理尤其是疫情防治的单元。

4. 居住小区功能单一，无法单独隔离

以居住小区为单元进行防治管理又暴露出诸多问题。居住小区的规划设计一向是集中连片开发，统一规划设计单一的居住功能。从快速建设角度来看这是非常便利的，但从居民角度来看，居住小区的人口极其密集，生活配套设施非常匮乏，尤其是高层住宅还普遍存在电梯交通拥挤现象，在疫情暴发情况下其公共安全得不到保障。在本次新型冠状病毒肺炎疫情发作、全国性的居家隔离防治期间，居住小区暴露出容易产生交叉传染的问题；如遇地震时，居住小区缺乏紧急疏散绿色通道和避难场所；如遇战争受到攻击时，居住小区易遭受重大伤亡。

5.高密度的高层住宅建筑防疫能力低

高层住宅是人口高度密集的居住空间，也是防控的重点。由于垂直方向的叠加，高层住宅人员的流动必须依靠单一密闭的垂直交通方式，同时，高落差的污水系统、共用的密闭通风井，更使得高层住宅成为疫情极易扩散的场所。在 2003 年的 SARS 期间，香港的高层住宅淘大花园就成为这些要素的严重受害者，20 天内，淘大花园由最初的 7 人感染发展到 321 人感染。虽然这之后有过许多思考，提出不少解决方法，但目前，高层住宅的问题仍然无法得到根本改善，公共卫生安全防控的形势依然严峻。

这些问题涉及城市的不同尺度与不同系统，亟待建立一套从宏观到微观不同尺度的防疫防灾体系。

二、城市多尺度空间防疫体系

肯尼斯·海威特（Kenneth Hewitt）将灾害评估扩展到自然、技术、人为灾害的各个领域和减灾的各环节。认为任何灾害的形成都存在四个方面的影响因素，即致灾因子、脆弱性和适应性、灾害干扰条件、人类的应对和调整。每种因素都会对灾害的形成和发展程度有显著的影响，因此，要降低灾害损失，须综合分析和处理各种影响因素和它们之间的相互关系。对于传染性疾病来说，其机理可以分为三个：传染源、传播途径、易感人群。相应的对策从易到难，分别是控制传染源，扼制转播途径，保护易感人群。

1. 多尺度空间的防疫需求

对于人口密集且流动性巨大的城市来说，疫情的防控的重点是：快速发现并控制住传染源，使疾病不产生新的暴发点；快速、准确地把握传播途径，并进行扼制，切断疾病的传播，将其控制在有限范围内，以减少疫情带来的破坏和影响；快速、精准地定位易感人群，并采用保护性隔离措施，避免易感人群与疾病的密切接触。这些防疫原则与理念的核心是限制城市的流动性。而实际上，即使是在高危防疫期间，城市的流动性也需要一定的保障，以实现救援物资、人员、设备的快速进入，为市民提供基本生活保障。这些对城市防疫的不同需求，在城市不同的尺度上有着不同的体现，且相互关联形成整体的防疫体系。

（1）城市层面。在城市层面对城市整体疫情状态进行掌握、评价并制定防控措施。在宏观掌握疫情现状发展情况、传播速度等数据的基础上，建构传染病城市传播模型，对疫情的扩散范围和力度进行预测及评估，进而根据评估制定相应的政策措施，如封闭社区、公交系统、交通枢纽以及取消集会活动、停课等。

（2）社区层面。社区是城市行政管理的基本单元，也是疫情具体的发生地、传播地及防控重点。需要在社区层面贯彻执行城市制定的各项防控举措，同时快速发现并控制传染源，如是疫情发生地，还需要切断社区与外界的传播途径，限制疫情传播。在社区内部，应阻断社区外部向社区内的传播途径，督促并严格执行接触人群的居家隔离措施，识别社区内易感人群，进行保护或隔离。

（3）建筑层面。建筑是市民居住和工作的直接空间，在城市管理体系中，基本处于自治状态。但对于通过空气、接触、水等传播的疫病来说，建筑则是感染传播的主要场所。因此，建筑层面需要从设计之初就考虑疾病防控的需求，在通风、废水处理、公共空间等方面进行科学合理的设计，并在疫情发生期间，做好自组织管理工作。

这三个层面相互支撑与配合，形成城市强制防疫管控与自组织防疫管理的有机结合体系，才能快速有效地扼制病毒的传播与扩散。城市层面对疫情信息的准确掌握，来源于社区的精准提报，而城市层面的防控措施，也依赖于社区层面的具体落实，并传导到建筑层面。建筑层面能否依据社区的管理细则进行有序的自组织防控，也是社区甚至城市层面实现疫情防控的关键。其中，城市层面相当于"抗疫"战争的总指挥，社区层面作为政府强制管控与建筑自组织管理的交点，组成了"抗疫"战争的一支支部队，而建筑层面则是一个个独立的战士，根据各自不同的功能和特点进行战斗。

2. 城市多尺度空间防疫体系

作为大国，城市的空间防疫体系不仅要大而全，也要小而全，才能匹配完善的分级诊疗体系，进而增强防疫系统的抵御力。各级别之间应表现为规模、诊疗复杂程度、细分程度等的不同，而不应出现大的类别的缺失。这样，在应对突发性疫情时，就可以依托既有设施和人员做到基层的疫情检测与防控，这也是一个系统维持良好生态的基本原理。其原理类似于套娃体系，在城市层面的公共设施体系中，嵌套诸多公共设施，各层公共设施相互分解却又构成一个整体，层层相嵌，内部结构特征却又极为统一。应建立"城市—社区—建筑"的多尺度城市防疫体系，并与分级诊疗体系和城市保障体系相匹配，从而起到有效防控疫情、稳定城市社会的作用（表1）。

表1 多尺度空间防疫体系

防疫体系	防疫体系			保障体系
	传染源	传播途径	易感人群	
城市层面	·疫情地图 ·隔离监测措施	·传播地图 ·监控模拟预警	·易感人群特征 ·活动管控政策	·救援通道保障 ·生活物资保障
社区层面	·社区隔离 ·隔离管理	·切断传播途径 ·分类分流诊疗	·易感人群定位 ·易感人群保护	·基本管理单元 ·生活保障服务
建筑层面	·建筑分区 ·封闭管理	·传播途径阻断 ·公共空间防控	·易感人群防护 ·易感人群自组织	·基本生活保障 ·基本生活物资

在多尺度防疫体系下，城市以社区为基本防疫单元切割，内部配置基本卫生防疫和医疗设施，从而建立疫病数字地图和传染模型。

城市需要尽快完成疫情数字地图的绘制，包括疫情传染源的空间分布、疫情传播的空间路径、易感人群的分布等数据统计与分析工作，进而通过传染病模型分析，对疫情的发展进行科学有效的预测与评价。其中，传染源应包括首案例发现地以及集中暴发地区。绘制城市疫情地图既便于发现传染源头及原因，也有助于进一步识别传播途径与易感人群。而准确识别空间传播途径，有助于结合城市的密度分布、气候风向、地理水文等条件分析疫病的传播方式。对传染链条和方式的追踪也是传染病研究的重要手段之一，及时更新易感人群的分布状况则有助于对疾病传播的控制和市民健康的保护。对易感人群的年龄、性别或身体情况等特征的统计分析，有助于城市疫情期间针对性政策的制定，如怎样为老年人提供送药、送菜上门等服务，或如何为特定人群乘坐公共交通设施制定限制政策等。此外，利用城市监控系统、LBS 大数据服务等对重点地区公共空间和人员流动进行监测也是疫情管控的有效手段和措施。

在这一体系下，城市与社区的强制管控与社区及建筑层面的自组织同样重要。在疫情发生时，自组织是最有效的社会结构，也是强制管控的有效补充。城市的社区医疗站应成为防范疫情与疏导分流的第一道防线，充分发挥抗疫第一步诊断病患的重要作用，起到基本的分类、分流功能，并有效防止病患在不同社区之间的流动，减少传播扩散面，分担市级中心医院的压力。由此在疫情整体的防控中，社区的作用与价值至关重要，不容忽视。社区既是城市防疫管治的基本单元又是自组织系统的最大单元。因此，未来城市控制性详细规划的空间单元应从应对快速城镇化的控制性详细规划管理单元模式，转型到更加小而全、精细化的社区单元模式。

与日常生活息息相关的建筑，则是韧性城市的第一环节。大型公共建筑和高层住宅建筑，是城市人口密度最大、交互最为频繁和共用设施（电梯、门厅、通风井、中央空调等）最多的场所之一，无论从 2003 年 SARS 时香港淘大花园的案例，还是这次疫情天津百货商场的案例中都能够看出，建筑内的传播是疫情暴发的重点。因此，在面对疫情暴发的急性冲击时，建筑应能够起到有效的适应和保护的作用。针对不同的传播途径，建筑都应有明确的应对策略，如通过空气传播的疾病，在公共建筑内就应防止建筑内空气整体的循环流动，而在居住建筑内就应避免共用风道。在此基础上，借助数字化手段对公共建筑内的人群进行监控，以便于追溯传播者、密切接触者、感染者等，并进行快速有效的预警。

三、城市层面的疫病空间防治与管控措施

1. 城市防疫设施布局

（1）城市应急预留空间。在新型冠状病毒肺炎疫情的早期应对中，凸显出城市专业传染性疾病医疗设施缺乏的问题。从经济上较容易理解，中国各地在 SARS 期间兴建了许多传染病专科医院，最终出现较严重的空置现象。据报道，湖北省的传染病医院平时有五成以上床位闲置，而同期三甲综合医院人满为患。四川省第六人民医院为收治 SARS 患者而兴建，但建成后未收治过一名 SARS 病人，长期处于封闭闲置状态。一旦疫病到来，如火神山、雷神山等传染性疾病专门医院的关键作用是普通综合性医院无法代替的，并且前者在规划选址方面有着与后者截然不同的要求。根据 2003 年中华人民共和国卫生部和建设部印发的《收治传染性非典型肺炎患者医院建筑设计要则》，各地改扩建集中收治传染性非典型肺炎患者医院的选址改造应根据城市总体规划，尽量避开城市人口稠密区如学校、住宅区以及水源等有可能造成危害的重要设施，选择地势较高、地质稳定的平坦地段，尽可能在城市区域常年主导下风向等。如若在城市规划建设中未考虑应急预留空间，在应对紧急灾害发生时，就不能提供合适的医疗卫生设施选址。在空间总体规划中，规划师可以有一定前瞻性地布局临时性防疫设施选址地点，预留交通、城市基础设施接入条件，预定行动方案（集中、疏散、善后）等，避免在疫情下被动选址对城市的负面影响。

（2）绿色生命通道。疫病灾害下，尤其是交通管控下的物资输送不仅关系着疫病受灾群众的生命安全和健康状况，也紧密联系着城市的安定和社会的稳定。应建构完善的绿色交通设施和应对机制，保证疫情发生时城市充足的生活物资、医疗物资的供给线，建构城市抗击疫情的绿色生命通道。为了保障救灾物资的有效运输和分配，绿色生命通道需要对灾区的受灾状况、物资配置、受灾人员等动态信息都有系统、详细的了解，并通过大数据智能管理来实现。从疫病的传染机理和相互作用关系出发，基于动态风险模型，建立救灾物资公路运输的调配系统，强调救灾运输体系中的可靠性、有效性、安全性和公平性。

（3）次生灾害联动预防机制。伴随疫病而来的次生灾害，往往杀伤力不亚于首生灾害却没有引起足够的重视。如何防止疫病带来的次生灾害，关键在于社会秩序的维持。信息的自由流动与有序管理，是社会秩序得以维持的前提。自非典型肺炎以来的种种应对突发事件的经验和教训告诉我们，消灭谣言必须及时、准确、公开、透明地发布权威翔实的信息。通过智慧城市建设，及时汇总卫生、物资、人流的信息，帮助政府在第一时间掌握并发布信息，是最好的应对策略。

2. 城市通风廊道系统

城市发展史中，城市形态设计一直是城市卫生环境改善的重要措施。拿破仑三世的塞纳太守乔治·欧仁·奥斯曼 (George-Eugène Haussmann) 面对巴黎自中世纪以来的有机却充斥疾病的狭窄、昏暗、污浊的街道，大刀阔斧地进行改造计划，将卫生、采光条件极其差的中世纪街道改造为现代化的林荫大道，并设计了巨大的广场、完善的排水系统及布洛涅森林 (le bois de Boulogne) 这样的城市公园。奥斯曼改造不仅留下了优美的巴黎城市景观，同时也突出地提升了城市对疾病传播的自我抵抗能力。英国非营利性组织 Archive Global 认识到许多疾病是由于狭窄的环境和通风不良而传播的，因而提出使用城市设计来防止传染病的传播，该组织与伦敦空气传播结核病高发地区的移民社区进行了合作，以找出可能导致其传播的家庭和学校的设计缺陷。

（1）城市通风廊道系统。从 2003 年非典型肺炎和 2019 年新型冠状病毒肺炎传染的特点来看，防止疾病传播的有效措施是隔离、通风。城市通风廊道能够有效地疏解城市污染物，降低传染源浓度。城市通风廊道系统，须根据城市的结构、布局等规划建设，使得城市中的建筑与空旷的地带形成通风的通道。对城市通风廊道的合理规划，可以改善城市空气循环，对空气、气溶胶传播的疫病扩散产生明显的抑制作用。以疫病防控为导向的城市通风廊道系统规划，需要掌握城市总体人口布局，具体分析潜在的污染物分布情况，对通风系统结构在区域上进行详细划分，针对不同的气候环境进行区域内风向、风速等预测，合理地规划城市通风廊道（图 1）。

其次，根据所掌握的风向情况和基本信息，遵循通风效率的原则，对廊道的组成要素进行合理控制，从而提高实际通风率。最后，对通风廊道周围的建筑形态也需要进行精细化的规划，确保气流能够高效连通周边建筑组团院落，为通风廊道发挥防疫功能提供充分的基础条件。

（2）城市隔离绿地。城市大型绿地就是城市的"卫生隔离带"。有学者建议在《城市用地分类与规划建设用地标准》中增设"卫生隔离用地"，以有效地防止疾病传播。城市隔离绿地应位于

图 1　杭州钱塘江沿线城市通风廊道系统

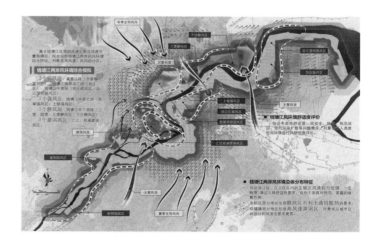

城市外围，在城市功能分区之间、城市组团之间，充分发挥防护林植物群体的物理阻挡作用，如降低风速，减弱强风及强风所夹带的传染物等对城市的侵袭，并通过植物枝叶的光合作用、吸附作用、遮蔽作用等吸收、降低大气中的二氧化碳、有毒有害气体，吸滞烟尘，降低噪声，净化水体，净化土壤，杀灭病菌，从而起到降温保温、发挥卫生防护的作用。同时，可以在城市隔离绿地上设置应急保障基础设施、应急辅助设施以及应急保障设备和物资，将其作为城市面对灾害的避险绿地。

3. 智能化疫病监控预警机制

移动互联网时代，基于大数据的数据分析与信息互动，尤其是空间与数据的链接，在城市防疫这类公共应急管理中发挥着越来越重要的作用。在疫病肆虐之时，必须发挥前沿技术的作用，及时获取疫情信息。

（1）基于 LBS 大数据的人流迁移识别与反演。在手机等个人移动通信设备高度普及的当下，借助从手机端获取的个人定位服务（LBS）数据，可以对已确诊市民个体的之前空间活动轨迹进行高精度的时空识别与追踪。同时，由于基于 LBS 数据的空间粒度可以精确到 5 m 左右，时间粒度可以精确到分钟，有条件对市民个体之间可能进行疾病转播的接触进行识别，因此也可以对疫病患者的密切接触者进行识别（图 2）。

在本次新型冠状病毒肺炎疫情的过程中可以发现，在疫情出现和早期发展的短暂时间内，能否对确诊人群的时空轨迹进行快速识别反演，帮助疾控部门准确了解疫病的传染方式、传播规模，对于控制疫病的发展是至关重要的。建构城市三维数字地图，汇总城市空间数据、LBS 数据、疾控数据，实现城市高精度人流轨迹跟踪，为疫病控制措施的决策提供依据。

（2）疫病传染模型和智能预测。在疫病发生早期，往往由于未产生显著或者成规模的症状而在人群中潜在传播，政府和公共卫生部门的官员可能很难迅速收集相关信息，并协调各方加以应对。建立疫病传染模型和智能预测系统，利用人工智能（AI）技术，可自动挖掘来自微博等在线内容，帮助专家识别可能导致潜在疫情的异常情况。如 2018 年东南大学智能城市团队研制的疾病预警系统，从海量的医院门诊和药房系统的检测数据、社交网络媒体、气候数据、互联网的文本分析及搜索词与搜索频度分析等多渠道数据中的微小异常进行

图 2 基于 LBS 数据的城市人流迁徙识别与反演

关联比对，对传染病在城市内外的传播情况进行了建模分析。

（3）智能化防疫指挥系统。在这次防疫中，先后有流行病学家、生物数学家、交通部门、公共卫生部门、民间机构等利用空间数字地图的方式，发布关于疫情的现状与预测、病患空间轨迹、诊疗医院分布、物资运送分配等信息（图3）。而在抗击疫情过程中，城市行政机构尤其需要智能化的防疫指挥系统，来完成相关信息的汇总和呈现。例如，通过城市自然资源管理部门和地理信息服务提供商掌握城市现存医院、诊所、药房等医疗服务资源的位置和属性信息，通过从 LBS 数据获取各个社区的人群画像信息，可以评估不同社区的医疗资源供需平衡情况。智能化防疫指挥系统也需要具备一定的辅助决策功能，利用多渠道的监控系统生成数据，将时间和空间风险分层，将空间信息叠加关联，形成疾病预警地图，预测发病率的未来趋势。在此基础之上结合现场调研进一步确定危险因素，从而对具有较高疾病传播风险的地区进行针对性作业。

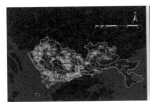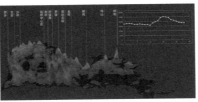

图 3　城市人口的时空分布及医疗资源的布局

四、社区层面的疫病空间防治与管控措施

随着本次新型冠状病毒肺炎疫情防控阵地的不断前移，社区
正在发挥越来越重要的作用。在学校、工厂等人群密集地区
关闭后，社区成为人群聚集的最主要场所。守住社区，就能
有效切断疫情扩散的渠道。

（1）完善社区规划中的设施配置。社区自组织是最有效的基
层社会结构单元，也是所有抗风险韧性结构的第一环。社区
规划中，要以社区服务设施和生活环境能够抵御一定程度灾
害风险为目标，进行规划布局。社区内鼓励开放小区，以居
民的步行能力为尺度范围，完善生活服务设施、基础设施和
公共交往空间的配置，将社区和基本生活圈融合在一起，这
也是城市精细化发展的重要提升举措，能够有效解决疫情防
控与生活保障的衔接问题。

（2）有效管理开放式街区。2016年以来我国提出新建住宅
要推广街区制，原则上不再建设封闭住宅小区，已建成的住
宅小区和单位大院要逐步打开。封闭住宅小区存在交通不便、
资源利用率低下、居民出行不便等问题。但本次新型冠状病
毒肺炎疫情暴发期间小区封闭式管理成为应对疫情的重要举
措，城市也在思考如何在街区日常开放的同时，做好公共卫
生危急时刻的封闭隔离。封闭式管理在疫情隔离方面有两种

方式：一种是将传染源控制在一定范围内，防止其向外扩散；另一种是通过封闭区的卡口管理，禁止外部人员进入，或者通过进出检测、消毒的方式防止传染源向内传播。在城市整体网格化防疫控疫的布局下，以社区作为基本隔离单位，发动社区居民，能够有效形成社区自我组织，完成社区环境消毒、生活物资分配、人员上门登记等工作，极大地强化基层防疫力量。

（3）强化社区无人化管理系统。面对繁重的防疫工作，基层社区的疫情防控人员面临巨大的被感染危险。目前大部分社区工作人员不得不采用人工登记出入、手抄健康记录等方法，疫情政策传达、信息管理和防控组织手段均较为滞后。这种依赖大量人力投入的防控措施本身也存在交叉感染的风险。在社区防疫工作中管控方式应逐步以信息化无人职能设备取代现有的人力操作方式：通过人脸识别门禁、自动体温测量设备、远程监控设备，完成门禁管理、居民信息采集、访客管理、健康筛查等功能；通过5G网络、社区智能化平台，提供重点可疑对象预警、居民健康情况统计及数据上报、远程实时交互等功能；通过物联网、送货机器人、无人垃圾回收设备，与社区外生活服务设施、医疗设施、市政设施进行自动对接，实现社区基本生活物资和服务的无人化供应链。

五、建筑层面的疫病空间防治与管控措施

对疾病的防控和对健康的追求是现代建筑发展与成功的关键
要素之一 [1]。而对于传染性疾病来说，建筑层面的主要问题在
于公共空间与共用设施所存在的潜在感染风险，重点体现在
高层建筑的共用通风井、污水管道、门厅、电梯等候区等以
及商业、商务等建筑的中央空调系统等。在具体规划设计中
的问题及应对包括以下几点。

1. 高层住宅模式要谨慎

2003 年，香港淘大花园非典型肺炎的集中暴发就是高层建筑
弊端的一个集中体现。病毒通过排泄物和废水传播，使得高
层建筑高落差的共用排污系统成为疾病传播的温床。此外，
垂直交通设施（厢式电梯）的密闭空间、电梯等待区等人流
集中场所，也会成为病毒传播的重点地区。因此，在进行高
层住宅的设计时以及疫情期间的使用中，应注意以下几点．

公共空间的设计与防控重点是"黑空间"。在通风方面，设计中
应避免出现完全封闭的"黑空间"，即没有对外开窗的楼梯间、
消防通道等，"黑空间"所形成的密闭效果，会提高被病毒感染
的概率。无论是在平时还是在疫情期间使用时，都应注意楼
梯间的通风。而在门厅、电梯厅等容易形成人员集聚的场所，
可通过预约制，帮助居民选择错峰时间出行，并在公共空间

地面标示人员等待时的排队间隔，即使出现人流集中的情况，也应保证人与人之间的无密切接触，且保持合理的间隔（2 m左右为宜）。此外，在高层建筑中，密闭的厢式电梯是必须使用的设施，因此也是防控的重点。应根据电梯的大小，在保证有效安全距离的基础上，确定同乘人数，并采用一次性使用物品（如一次性手套、纸巾等）触碰电梯按钮，避免交叉感染。同时，在电梯使用时，应打开电梯顶部通风窗，并在无人使用时打开电梯门，增加电梯的通风量。

公用设施的设计与防控重点是污水。下水管线和地漏形成的"空气倒流"是污水传播疾病的主要方式。因此，在污水管线的设计时，应加强水封的设计，增加水封次数，加大水封力度（5 cm以上），有条件的最好用消毒水进行水封。此外，有些高层建筑还会采用高位水箱的方式储水，如发生污染将会造成严重后果，因此应注重对高位水箱的即时清洁与消毒工作。

2. 建筑自然通风分区

在建筑设计中，可利用建筑形态及排布方式形成的自然通风效果改善整体通风环境。如香港的公共交通枢纽（巴士、小巴、的士），通常就布置在商场或者高层建筑的平台下方。

通风系统入风口放在高处，避免地面扬尘和汽车尾气的影响，将外部的新鲜空气引入室内，并通过风管传送。风管沿墙壁或柱子从高位向下走，出风口设置在大约人行高度处。这一正压的通风方式，可以改善车站内的整体通风环境，缓解人行高度处废气对健康的损害，也能大大减少对病毒的传播。

在建筑内部的设计与防控中，通风是核心问题，应避免户户串风传播和有害气体的影响。应首先对公共建筑和住宅进行通风情况的评估，对不符合防疫防控要求的要及时进行改造。同时，还应考察垃圾收集转运点的布局，将其布置在通风条件良好的地区，且避开人流集中场所。而在住宅建筑中，有些建筑采用天井的设计方式，用于厨卫空间的通风。而在"拔风"效果的影响下，天井可造成不同住户之间的串风，如一户发生疾病，则可能在整栋楼里传播。因此，针对已有天井的建筑，要注意封闭与天井连接的窗户，并开启其余直接对外的窗户进行通风。设计新的建筑时，应避免可能产生户户串风的现象，做好整栋楼的通风设计。此外，屋顶平台多为通风管道出风口的排风场所，疫情期间应避免人群在屋顶活动，以防潜在的感染可能。

3. 建筑的人工通风系统与废水系统处理

目前，许多公共建筑，诸如商场、商务办公楼等，都会采用中央空调的方式调节内部空间温度。然而，采用循环送风的中央空调由于无法对空气进行消毒，如有病毒扩散到空气中，就会随着中央空调的循环送风系统而传播到整个空间。因此，在疫情防控的特殊时期，应关闭中央空调或对中央空调进行改造。

在大型公共建筑内使用中央空调尽量采用通风分区的方式，以便在疫情发生时可以有效控制疫情传播范围。所谓的通风分区，即将公共建筑空间划分成不同的区域，并将水或制冷剂输送到各个小区域，而后用小型空气盘管在这个小区域抽取空气加热后再输送回这个小区域。这种方式可以避免在小范围出现疫情时，不影响整体大空间的安全性。此外，对中央空调的改造可以有以下两种方式：一是在用风机盘管的进风口加装 HEPA 过滤膜，并在出风口增加二氧化氯或紫外线灯消毒装置，对病毒进行过滤灭杀；另一种是增加新风补充和排风的措施。安装了新风系统的中央空调，应将新风系统开到最大档位运行，并在通风不畅地区及通风死角增加通风设备，以确保室内外空气的流通与交换。

医疗建筑排放的废水通常含有大量的病毒、细菌及其余有毒有害物质，特别是疫情定点接诊医院，会排放超过正常医疗废水标准的废水，如处理不当，病毒就有可能进入城市污水管网，进而造成更大规模和更严重的影响。因此，应强化医疗建筑废水的预处理工艺和程序，根据制造疫情的病毒特征进行针对性消杀，使其在进入城市污水管网前，达到一般医疗废水排放标准。普遍可行的做法是，增加废水消毒池，先将废水排放至消毒池进行统一消毒处理并检测，检测合格后再统一排放至城市污水管网进行处理。而这一做法会增加医疗废水中消毒剂的含量，对污水处理系统中的生物处理系统产生较大影响，因此应在进入生物处理系统前，对其进行一定的预处理，降低消毒剂的不良影响。

4. 室内公共空间的高精度监控、预警预测

除设计问题外，建筑内部的人流监控对疫情的防控和密切接触人群的筛查、预警具有重要作用和价值。在传染病研究领域，对感染病例被感染的途径和方式的追溯是其重要的研究手段和方式之一。特别在公共建筑与公共空间内，如有感染患者或病毒携带者使用，必须尽快追溯其活动轨迹及密切接触者，防止病情进一步扩散。基于此，应在公共建筑和住宅建筑公共区域安置高清摄像头、WIFI等设备，对人群公共活动轨迹进行记录和检测。发生疫情时则可根据既有的数据信息，结合图像和人脸识别技术，对重要区域进行监控、反演和预警。

参考文献

[1] Colomina B. X-ray Architecture[M]. Zurich: Lars Müller Publisher, 2019.

[2] World Health Organization. The World Health Report 2007: Global Public Health Security in the 21st Century [R]. Paris: WHO Press, 2007.

[3] 李秉毅，张琳. SARS 暴发对我国城市规划的启示 [J]. 城市规划，2003, 27(7):71-72.

[4] 杨保军. 突发公共卫生事件引发的规划思考——应对 2020 新型冠状病毒肺炎突发事件笔谈会 [J/OL]. 城市规划 [2020-02-13]. http://kns.cnki.net/kcms/detail/11.2378.TU.20200212.1135.002.html.

[5] 张京祥. 以共同缔造重启社区自组织功能——应对 2020 新型冠状病毒肺炎突发事件笔谈会 [J/OL]. 城市规划 [2020-02-13]. http://kns.cnki.net/kcms/detail/11.2378.TU.20200212.1135.012.html.

[6] 甄峰，翟青，陈刚，等. 信息时代移动社会理论构建与城市地理研究 [J]. 地理研究，2012(2):3-12.

[7] 史宜，杨俊宴. 基于手机信令数据的城市人群时空行为密度算法研究 [J]. 中国园林，2019(5): 102-106.

08

突发公共卫生安全事件下分阶段城市交通应急对策

周文竹　王　楠　汪　琦

突发公共卫生安全事件下分阶段城市交通应急对策

Urban Traffic Emergency Response in Different Stages of
Emergent Events of Public Health Security

（原载于《城市规划》2020 年 2 期）

周文竹 王 楠 汪 琦

周文竹
东南大学建筑学院副教授
城市规划系书记兼副系主任

王 楠
东南大学建筑学院
城市规划系硕士研究生

汪 琦
东南大学建筑学院
城市规划系硕士研究生

一、引言

突发公共事件来袭的当下，如何提高城市韧性及应对能力，成为亟待解决的重大问题[1]。韧性城市是一种前瞻性的，以目标为导向的灾害治理模式，需要从目标、政策和手段多个方面协同管理[2-3]。在此次新型冠状病毒引发肺炎的突发公共卫生安全事件中，武汉较以往国内外其他地区遭遇自然灾害或事故时采用"快速救援疏导"的交通措施截然不同，选择以阻断交通、封城禁行的交通措施，在全世界地区来看也尚为首例。在温州、杭州、深圳、南京、天津等疫区以外城市，也根据病毒传播的情况，采用了不同程度的交通管制措施。因此，针对特殊时期不同传播阶段的防控需求，亟须构建一套既能阻断疫情传播，又要保障基本出行的分阶段交通应急预案[4]。本文拟针对高速公路、公共交通系统、城市道路等各交通子系统，就分阶段的交通应急规划展开预警性的研究。

二、突发公共卫生事件下城市分阶段交通管控策略

1. 潜伏初期的交通预警

对于疫情信息获知，城市管理部门应主动加强与卫生部门的信息沟通，禁止感染人群的公共活动。另外，还应积极通过手机信令等大数据监控居民出行分布情况，对于出行密集度高的地区进行早发现、早预警，并限制公共交通等大运量交通

工具单次的乘车人数及密度。该阶段应以"监控为主，管控为辅"为原则采取较为保守的交通防控预警措施。

2. 快速传播期的交通禁行

鉴于快速传播期是病毒的传播高峰，在阻断方面，采取所有对外通道封闭，公共交通以及非必需的机动车禁行。保障方面，需要为各社区安排充足的医疗救护车辆（如不足，可补充受培训的志愿者出租车），以确保医疗出行紧急畅通；组织服务基本生活的刚性出行，实现短距离且分散化；使用智能物流配送平台、专用货运通道等保证物资供应的连通[4]。快速传播期是控制疫情的关键时期。在病毒的传播性得到证实后，综合考量突发卫生事件的严重性，应以"严格禁行，强制阻断，统一安排，提供保障"为原则，对各个交通系统采取禁行措施，并开通一系列保障专线。

3. 持续传播期的交通限行

在病毒传播并未完全控制、可能持续的期间，面对返程高峰、单位企业逐渐复工的情况，交通系统的考量更为艰巨，应同时做好限制需求与有序组织两方面的工作。在限制需求上，通过调整高铁、航空班次，限制枢纽地区的人流密度，对返程进行错峰安排，并限制不必要的弹性出行[4]（做到无要事不出门）。在有序组织上，以个性化、个体化和定制专用化为主：

制定弹性、错峰出行的个性化，允许小汽车完成通勤出行的
个体化，以及定制在上下班高峰期以各社区为出行起点实名
制固定人群、固定载客量的公交通勤专用班线。

病毒的持续传播期是疫情控制过程中交通系统组织难度最大
的时期，一方面要限制交通出行，另一方面还要满足居民生
活和复工的基本出行需求，该阶段的交通管控应以"个性定制，
个体出行，错峰出行，减少聚集"为原则，鼓励定制公交的形式，
保障必要的通勤出行。

4. 恢复结束期的交通疏解

在疫情结束较为明朗、居民出行和社会活动大幅增加的恢复
阶段，仍然须提高交叉感染风险的警惕性。在组织个体机动
车出行的同时，保障医疗出行专用通道。公共出行方面，对
于大运量的轨道交通，按照合理的安全间距（至少大于 1 m）
规定进站客流密度。常规地面公共交通则须降低换乘率，限
制满载率，并根据客流实际情况开设临时线路、大站车、区
间车等[4]。

该阶段交通需求控制的重点由限制居民出行向方便居民出行
转变，交通组织也应逐步解除疫情期间制定的禁行与限行管
控策略。然而该时期的交通解禁仍然须提高交叉感染风险的
警惕性，防止疫情的二次暴发或扩散。交通策略的调整应秉

持"因势利导、逐步恢复"的原则，以居民交通需求的变化为引导进行实时调整。

面对突发公共卫生事件，应对高速公路、公共交通系统、城市道路系统等交通子系统根据以上原则分别制定相应的分阶段管控策略。

三、各交通子系统的分阶段管控策略

1. 市域高速公路及收费站分阶段交通管控方案

根据我国城市对外交通规划，高速公路系统主要由绕城高速和对外放射高速组成，对外放射高速与绕城高速、内部快速路及主干路相连，此外还有对外放射的国道、省道。收费站通常设置于各个对外通道的衔接处，或绕城高速、城市快速路等内部道路路段处，根据分布位置可细分为4种，分别为：对外高速收费站——位于绕城高速以外的对外放射高速公路路段；对外—绕城高速收费站——位于对外放射高速、国道、省道和绕城高速连接处；内部道路—对外高速收费站——位于内部快速路、主干路与对外通道连接点；绕城高速收费站——位于绕城高速路段处（图1）。

各个阶段高速公路的封闭与管控措施要与收费站的封闭或交通管控相结合（表1）。

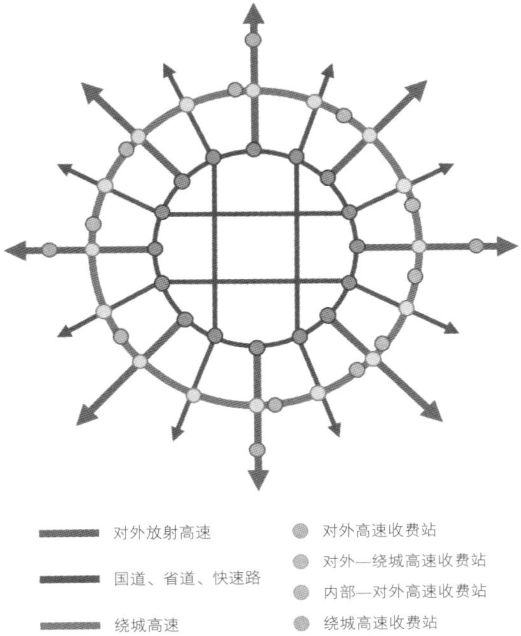

对外放射高速
国道、省道、快速路
绕城高速

对外高速收费站
对外—绕城高速收费站
内部—对外高速收费站
绕城高速收费站

图 1 对外通道与收费站类型模式图

		阶段一	阶段二	阶段三	阶段四
对外高速收费站		交通管控	封闭	交通管控	交通管控
对外—绕城高速收费站		交通管控	封闭	交通管控	交通管控
内部—对外高速收费站		交通管控	封闭	封闭	交通管控
绕城高速收费站		正常通行	封闭	封闭	正常通行

表 1 各类收费站分阶段管控措施

（1）潜伏初期对外通道正常通行，对外卡口交通排查。该阶段高速公路、国道、省道等对外通道正常通行，与对外高速公路连通的收费站进行交通管控，对通过收费站处的车辆进行登记，对车内人员进行体温监测，追踪车辆的出行路径与出行目的。

（2）快速传播期对外通道禁行与卡口封闭。对外高速公路施行交通禁行，封闭与对外高速公路连通的收费站，阻断城市与外部的交通往来；绕城高速与城市内快速路接口处的收费站在每个路段仅保留一个并进行交通管控，以保障市域内部物流、医疗等必要的交通出行，其他收费站封闭。

（3）持续传播期对外通道限行与卡口管控。持续传播期应继续对个体机动车采取对外高速公路禁行措施，但同时应开通医疗物资、生活物资等对外交通运输专线，并在相应的收费站处对货物禁行转运，禁止车辆出入城市边界。

（4）恢复结束期对外通道与卡口分批解除控制。首先恢复绕城高速外围的对外高速公路的通行，并开通各个封闭的交通卡口，但要在对外高速收费站和对外—绕城高速收费站进行严格的交通管控与体温检测。进而分批解除绕城高速收费站的交通管控，保障市内个体机动车的正常行驶。最后分批解除对外高速收费站和对外—绕城高速收费站处的交通管控，恢复高速公路系统的正常通行。

2. 城市公共交通系统分阶段交通组织方案

公共交通系统的管控应分为以下四个阶段，根据此次疫情中各城市采取的公交运营调整策略，各类线路在疫情不同时期应采取不同的调整措施。

（1）潜伏初期公交站点预警与对外枢纽接驳线路调整。对全市人口密度进行实时监控，对于人口密集区域进行人口热力预警，在预警区限制公交上下客，路过的公交车辆不进行停靠（图2、图3）。

（2）快速传播期公共交通停运。仅保留城市轨道中的对外枢纽接驳快线和常规公交的枢纽接驳线路的接驳专车，其他车辆、其他线路均停止运行。根据需要设置定制公交用于社会保障专线、服务医院工作人员通勤、政府机关通勤等必要交通需求。

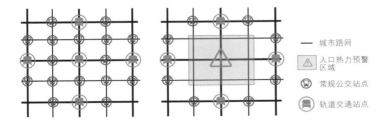

—— 城市路网

⚠ 人口热力预警区域

Ⓖ 常规公交站点

Ⓜ 轨道交通站点

图2（左） 正常时期公交上下客模式图

图3（右） 疫情期间人口热力预警区限制公交上下客模式图

（3）持续传播期公共交通线路调整。延续城市轨道中的对外枢纽接驳快线和常规公交的枢纽接驳线路的专线专车设置；轨道交通其他线路恢复运行，调整服务时间和发车间隔；常规公交城区线路恢复运行部分线路并对运行时间进行调整，保障复工后的通勤需求，城郊线路继续停止运行，鼓励复工公司开通定制公交保障员工通勤出行；旅游公交、夜间公交等特色公交停止运行。所有开通运行的线路车辆满载率均控制在50%以下。

（4）恢复结束期公共交通系统分批恢复正常运营。延续城市轨道中的对外枢纽接驳快线和常规公交的枢纽接驳线路的专线转车设置；轨道交通其他线路恢复运行，常规公交秉持"先城区后城郊，先主线后支线"的原则分批恢复运行，最后恢复特色公交运行。所有线路应在原有基础上根据实际交通客流随时调整发车间隔，适当增加班次满足复工产生的大量交通需求，并控制车辆满载率在80%以下。

3. 个体机动车分阶段交通疏导策略

(1) 潜伏初期的交通预警。潜伏初期可以适当放宽城市私人机动车限行措施，允许更多私人机动车上路，鼓励出租车、共享汽车等方式的交通出行，避免大量人群采用公共交通与潜在病例接触。对于人流预警限制地区，禁止机动车下客，允许机动车载客快速离开；对于对外交通枢纽的上下客也提倡私人机动车的接驳方式。

(2) 快速传播期的交通禁行。快速传播期应在街道/社区层面划定"防御单元"，形成各自的封闭管理单元，以提供疫情期间的预防、隔离、治疗和援助为主要目的，增加片区应对突发事件的可行性和城市整体的安全性 [5]。各个街道/社区仅保留主要的对外交通道路的应急交通畅通，关闭各个社区的支路出入口，并在每个社区的主要道路节点处设置检疫通行站点，禁止社区外来车辆入内并检测出入社区人员的健康（图4~ 图6)，限制城市内个体的非必要性出行活动。

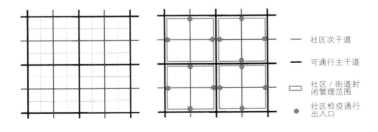

— 社区次干道

— 可通行主干道

▭ 社区/街道封闭管理范围

● 社区检疫通行出入口

图 4（左） 正常时期交通模式图

图 5（右） 禁行期封闭管理单元模式图

图 6 禁行期单个社区内
交通组织模式图

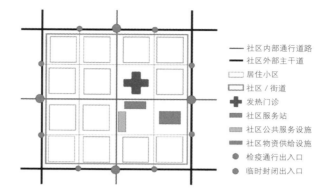

社区内部通行道路
社区外部主干道
居住小区
社区／街道
发热门诊
社区服务站
社区公共服务设施
社区物资供给设施
检疫通行出入口
临时封闭出入口

在物资、医疗保障通道方面，为减少物资转运、医疗救治期
间造成的交通干扰和人员交叉，物资主要运输途径可分为由"枢
纽仓库—分拨仓库—需求点"组成的三级转运系统，医疗救助
线路可以遵循"基层首诊、双向转诊、急慢分治、上下联动"的
原则，保障"社区—发热门诊—救治医院"之间的医疗救助交通
的可达性和便捷性（图 7）。

（3）持续传播期的交通限行。持续传播期仍然需要保障医疗
出行、物资配送的专用通道的畅通，从而保障生命线的畅通。
为了避免公共交通带来的交叉感染，鼓励小汽车完成通勤出
行的个体化。

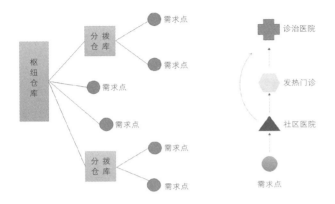

图 7 物资转运及医疗救
治模式图

在交通管制政策方面，应当适当放宽城市正常运转情况下采
取的私人机动车限行措施，允许更多私人机动车上路，来满
足复工复产的交通需求。在交通设施方面，由于公共交通班
次的减少，可以将部分公共交通专用线路错峰让予私人机动
车出行，也可以延长停车场免收停车费时间限制，方便机动
车停放办事使用。

（4）恢复结束期的交通疏解。在恢复结束期，首先应当保障
医疗出行专用通道的畅通，当公共交通的复开逐渐满足市民
日常生活需求后，可以逐步收紧城市正常运转下的个体机动
车限行措施，让城市机动车交通回归正常秩序。

四、结语

本文针对高速公路系统、公共交通系统、城市道路系统等各交通子系统，提供通过建立疫情传播不同时期的预警、禁行、限行、疏解等交通策略，在避免人员的高度聚集的同时，保障医疗、与生活基本所需相关出行。这有利于为未来的危机提供预案，更是建设健康城市、韧性城市的需要。

参考文献

[1] 仇保兴 . 构建韧性城市交通五准则 [J]. 城市发展研究 ,2017,24(11):1-7.

[2] 周利敏 , 原伟麒 . 迈向韧性城市的灾害治理——基于多案例研究 [J]. 经济社会体制比较 , 2017(5):30-41.

[3] 马令勇 , 王振好 , 梁静 , 等 . 基于韧性城市理论的大庆市道路交通空间韧性策略研究 [J]. 河南科学 ,2018,36(6):978-984.

[4] 周文竹 . 突发公共卫生安全事件下分阶段城市交通应急对策——应对 2020 新型冠状病毒肺炎突发事件笔谈会 [J/OL]. 城市规划 :1[2020-04-18]. http://kns.cnki.net/kcms/detail/11.2378.TU.20200214.1035.002.html.

[5] 段进 . 建立空间规划体系中的"防御单元"——应对 2020 新型冠状病毒肺炎突发事件笔谈会 [J/OL]. 城市规划 :1[2020-04-18].http://kns.cnki.net/kcms/detail/11.2378.TU.20200220.1353.002.html.

09

防疫医院与疫情防治

周　颖　崔一帆　闻　健　李逸頔

防疫医院与疫情防治

Epidemic Prevention Hospitals and　Prevention of Epidemic Disease

（原载于《人类居住》2020 年 102 卷 1 期）

周　颖　崔一帆　闻　健　李逸頔

周　颖
东南大学建筑学院教授、博导

崔一帆
东南大学建筑学院硕士研究生

闻　健
东南大学建筑学院硕士研究生

李逸頔
东南大学建筑学院硕士研究生

一、为什么需要防疫医院

从 2003 年的 SARS 到 2009 年的 H1N1，从 2014 年的埃博拉再到 2019 年底的新型冠状病毒，不知不觉中，我们的世界就在这云诡波谲的全球化浪潮中步入了疫病多发时段。截至目前，国内疫情尚且余波未平，不料海外接着高潮迭起，就像坐了趟停不下来的过山车。扑朔迷离的疫情起因愈发让人感到困惑不安，真不知道还会不会有下一次。

那我们该怎么办？疫病患者缺医少床的惨痛场景总是在脑海里挥之不去，出于医疗建筑师的职业本能，最近一直在想办法。思前想后，总算形成了防疫医院的初步构想[1]。什么是防疫医院？不是小汤山，也不是火神山和雷神山，而是一所符合防疫标准的以呼吸科为主的永久性综合医院（或综合医院中相对独立的呼吸中心）。该医院应具备先进的呼吸科医疗护理技术，平时以治疗呼吸科相关疾病为主，并通过发热门诊的常态化运营来尽可能避免疫情发生；而一旦疫情暴发，通过一些简单的平疫转换和快速扩容的手法，就可以将其迅速改造成能成倍收治疫病患者的医疗设施。一言以蔽之，防疫医院能够经济有效地兼顾平时与疫时的医疗需求。

为什么不宜多建传染病医院呢？主要因为大家平时很少去传染病医院看呼吸科疾病，而患者数量太少的医院基本上很难培育出高水准的呼吸科医护技术。只有经过大量呼吸科的诊断、治疗与护理实践，医护人员才能积累和形成有效治疗疾病的经验与直觉，这样即使面对未知病毒，也更有可能做出正确的判断。再次强调，由于防疫医院本身能提供先进的呼吸科医护服务，因此在疫情期间会具有更好的防疫性能。

二、防疫医院多大合适

在中国，通常老百姓不管大病小病都喜欢去大医院，貌似大医院更值得信任。但作为防疫医院，如果规模过大，患者之间乃至患者与医护工作人员之间交叉感染的可能性会大大增加。此外，随着医院规模的增大、房间数量的增多，清洁区与污染区之间以及房间之间的气压差控制也会变得更加困难，这也不利于防止院内感染。还有，规模很大的医院在疫情发生时还要收治许多其他科室的患者，因而不适合用作防疫医院。当然医院规模太小了也不行，专用医疗设备的设置，空气处理、污水污物的处理与排放，都要具有一定的规模才能做到经济合理。至于邻近居住区的社区级医院就更不适合承担防疫医院的功能。

根据笔者的研究，可以将防疫医院分为中心防疫医院与一般防疫医院两类。中心防疫医院宜由新建的以呼吸科为主的综合医院担任，病床数宜控制在 1000 床左右；而一般防疫医院宜由综合医院中经防疫改建而成的独立的呼吸中心担任，呼吸中心的床位数宜控制在 500 床以内。

三、防疫医院建在哪里

由于防疫医院在疫情期间可能会产生一些携带病毒的污气、污水、污物，因此从环境保护的角度而言，医院选址要选择主导风向的下风向、避开水源地等。为满足疫情期间展开医疗救援或者进行医院扩容的需要，防疫医院的室外宜预留相当面积的空地，以便于患者平时就诊以及疫情防控。需要将防疫医院建在哪里？大体有基于行政区与基于"二次医疗圈"的两种方式。

1. 基于行政区

最容易实现的是按照行政区域来设置防疫医院。以武汉为例，可在市域范围内设置一所中心防疫医院，并在各行政区内分别设置 1~2 所一般防疫医院（图 1、图 2）。该做法便于操作，但如果各行政区之间的土地面积、人口规模以及交通状况存在显著差异时，医院选址不一定能保障就医公平。

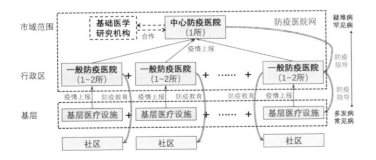

图 1 基于行政区的防疫医院布点

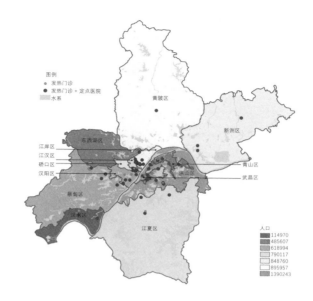

2. 基于通勤生活圈的二次医疗圈

为了维护医疗设施规划布局的公平性，日本人采用"医疗圈"的做法。具体来说，日本有 47 个都道府县，依据其医疗规划，除北海道和长野县外，各都道府县被视为 1 个"三次医疗圈"，以此为单位提供先进医疗。各都道府县由若干个市町村组成，各市町村被视为 1 个"一次医疗圈"，以此为单位提供日常医疗。但最为关键的住院医疗则以"二次医疗圈"为单位来提供。不过，"二次医疗圈"并没有对应的行政区域，而大体上是以居民的通勤生活圈为基础进行划分的（图 3），原因是通勤生活圈能较好地反映居民的实际生活范围以及各市町村之间的联系紧密程度[2]。

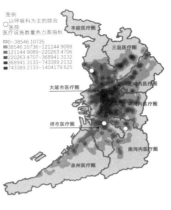

图 3（左） 大阪府的通勤生活圈

图 4（右） 大阪府的二次医疗圈

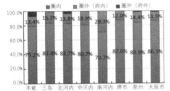
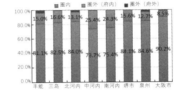

图 5（左） 二次医疗圈的门诊自治率

图 6（右） 二次医疗圈的住院自治率

以日本大阪府为例，大阪府的总面积为 1894 km²，总人口880 万人，下设 33 市 9 町 1 村。在 6 个通勤生活圈的基础上，结合现有医院的分布和急救医疗需求，将府域划分为 8 个"二次医疗圈"（图 4）。各"二次医疗圈"的门诊自治率（图 5）与住院自治率（图 6）均维持在 80% 左右，较好地保障了就医公平[3]。此外，大阪府共有 3 所以呼吸科为主的国立[4] 或府立医院[5]，这三所医院各具特色，但并不位于人口最多、经济最发达的大阪市医疗圈。日本人喜欢画各种圈，我国规划界对此已不陌生，而画"二次医疗圈"的方法还是值得我们在探讨防疫医院的选址布局时参考借鉴的。

四、把防疫医院连成网

单所防疫医院能发挥的作用是有限的，一旦将它们通过交通、信息等方式连成畅通的网络，就可以发挥巨大的效能。在城市内部，不仅可以通过防疫医院来收治或转移疫病患者，还可借助医疗设施间的疫情上报、防疫指导和防疫教育等机制来防控疫情。当某地疫情严重，以致无法收治过多的疫病患者时，首先可以选择通过防疫客车、防疫高铁专列、防疫飞机、防疫船等交通工具将他们疏散、搬运至外地的防疫医院（图7），而不是征用定点医院或建设临时医院。为了方便疫情期间患者的远程搬运，中心防疫医院有必要邻近机场或高铁站设置。此外，出于疫情期间展开医疗救援或者进行医院扩容的需要，防疫医院的周边宜预先保留足够的室外空地。

图 7 防疫医院网

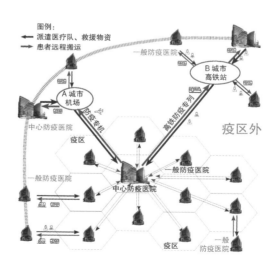

五、急救、防灾与防疫"三位一体"

我国是自然灾害频发的国家，但急救与防灾医疗体系的建设却相当滞后，一旦事故发生或灾害降临，往往造成惨痛的教训。如果将防疫医院与急救、防灾等医疗设施进行有机的融合，共同建成完善的城市乃至区域医疗设施体系，就可以避免"头痛医头，脚痛医脚"的建设方式，从而发挥更大的功效。那么，具体该怎么做呢？我们借助日本的经验来略作讨论。

日本的做法是在众多医院中选择了部分作为灾害据点医院 [6]，这些医院不仅具备相应的医疗技术，还须具有很高的抗震能力和交通可达性。此外，还能储备大量物资，并预留了足够的室外场地。这样，当地震等灾害发生时，也能有效开展防灾医疗工作。日本急救中心 [7-8] 的条件更加严格，不仅所依托的医院是灾害据点医院，其本身还须具备更加全面综合的医疗技术来开展救急救命医疗服务。如表 1 所示，日本平均17.3 万人设置一所灾害据点医院，而 43.5 万人设置一所急救中心。

行政区域	人口（万人）	急救中心		灾害据点医院		以呼吸科为主的国立府立医院 / 所有国立府立医院
		个数（所）	服务人口（万人）	个数（所）	服务人口（万人）	
大阪府	882.3	16	55.1	19	46.4	3 所 /9 所
日本	12613.1	290	43.5	731	17.3	未统计

表 1　日本急救、灾害据点医院的服务范围

但日本没有传染病医院，当然更不存在笔者提出的防疫医院（图8）。按照笔者的构想，我国防疫医院与急救、防灾医疗设施之间的理想关系应当是"三位一体"的（图9）。

图 8（左）　大阪府急救中心和防疫、灾害据点医院的分布

图 9　三位一体

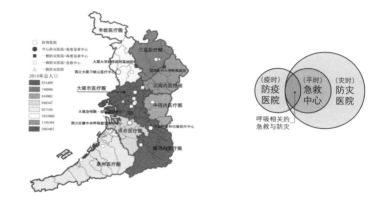

图 8（左）　大阪府急救中心和防疫、灾害据点医院的分布

图 9　三位一体

六、向世界推广防疫医院

在全球化的时代，一旦重大疫情暴发，无论哪个国家都很难独善其身；因此，如果防疫医院的做法行之有效，就有责任向世界推广。笔者认为，首先可以考虑在我国东南沿海的某个合适的离岛建设防疫医院，平时为离岛及周边居民提供医疗服务，疫时就有可能安全收治邮轮上的患者。此外，还有必要在"一带一路"国家乃至非洲与拉美国家尝试与当地政府共建，不仅可以输出我国的医疗技术，还可以及早收集当地第一手的疫病信息，以早做对策。总之，我国应当在保健医疗领域为世界做出更大的贡献。

参考文献

[1] 周颖，陈欣欣，孙耀南.防疫医院的基本构想与设计策略 [J].建筑学报，2020（3/4）.

[2] 大阪府人の移動と生活圏 [EB/OL].[2012-12]. http://www.pref.osaka.lg.jp/attach/23676/00000000/shiryou2-1_3.pdf.

[3] 第 7 次大阪府医療計画（2018—2023）[EB/OL].[2019-07-25]. http://www.pref.osaka.lg.jp/iryo/keikaku/7osakahuiryokeikaku.html.

[4] 国立病院機構近畿グループ大阪府の病院 [EB/OL].[2020-06-25]. https://kinki.hosp.go.jp/facility/osaka.

[5] 大阪府立病院機構 [EB/OL].[2020-06-26]. http://www.opho.jp.

[6] 大阪府内災害医療機関一覧 [EB/OL].[2017-12-07]. http://www.pref.osaka.lg.jp/attach/31241/00271069/B4-03%20saigaiiryokikan.pdf.

[7] 大阪府内の救命救急センター一覧 [EB/OL].2020-04-16]. http://www.pref.osaka.lg.jp/iryo/qq/kyukyu_3ji_taisei.html.

[8] 蒋志伟，周颖.日本医疗卫生设施规划实践与启示——以心血管医疗设施为例 [C]//2019 中国城市规划年会论文集.重庆，2019：7-107.

图表来源

[1] 图 3 依据参考文献 [2] 加工而成。

[2] 图 5、图 6 依据参考文献 [3] 的数据绘制。

[3] 其余图片由作者自绘。

10

新型冠状病毒肺炎疫情下结合社区治理的流动人口管控

吴　晓　张　莹

新型冠状病毒肺炎疫情下结合社区治理的流动人口管控

The Management & Control of Floating Population
Combined with Community Governance under Novel
Coronavirus Pneumonia

（原载于《南京社会科学》 2020 年 3 期）

吴 晓 张 莹

吴 晓
东南大学建筑学院教授、博导
中国城市规划学会城市更新学术委员会秘书长
张 莹
东南大学医学院讲师、博士

继 2003 年的"非典型肺炎"侵袭之后，一场由新型冠状病毒（COVID-19）所引发的肺炎疫情又一次在 2020 年的春节前后暴发和蔓延。这类冠状病毒的新型毒株相比于 SARS 传染性更强、波及人群更广，1 月 30 日其病例即已覆盖我国所有省份，世界卫生组织也在同一天宣布：将此次新型冠状病毒肺炎疫情列为国际关注的突发公共卫生事件；截止至 2020 年 2 月 16 日 14 点 35 分，全国新型冠状病毒肺炎确诊病例已增至 68584 人，疑似病例 8228 人，重症病例 11272 人，死亡人数累计 1666 人，治愈 9547 人，疫情不可谓不严峻。

那么方方面面该如何为打赢疫情防控阻击战提供全方位的支持，以最大程度地消减公共卫生危机所带来的危害呢？在全国上下众志成城、奋战疫情的严峻形势下，这已成为各行各业和每一个人都不得不面对和反思的问题。

其中，我们规划工作者又能提供什么专业性思考呢？大到应对公共卫生危机的韧性城市安全格局、疾病预防控制体系和应急保障体系，小到保障大众健康安全的社区治理、建筑设计和基层医疗卫生设施配建，以及大数据支撑下的防疫空间信息技术平台等等，或许都是规划人可以关注和审视的议题和领域。有鉴于此，笔者特意选择从一个特殊的视角——"易感人群保护"切入，希望能结合社区治理水平的提升来探讨规模庞大的流动人口管控问题。

一、传染疫情与特殊的易感人群——流动人口

1.传染源、传播途径和易感人群

从学理上说，传染源、传播途径和易感人群是导致传染病疫情的三大环节。其中，传染源是指体内有病原体生长、繁殖并且能排出病原体的人和动物，包括患者、无症状病原携带者和受感染的动物；而传播途径是病原体从传染源排出体外，经过一定的传播方式到达与侵入新易感者的过程，通常包括空气飞沫、水、食物、虫媒、接触、土壤、垂直等途径；易感人群则是指对某种传染病病原体缺乏特异性免疫力的易受感染人群。

而化解公共卫生危机的基本路径也正是从上述三个环节入手：隔离传染源、切断传播途径和保护易感人群。其中，环节一的成功与否主要依赖于医务工作者的专业工作、职业操守和奉献精神（就像这次彻夜奋战在"战疫"一线的医务工作者，而火神山和雷神山医院的赶建则为传染源隔离提供了必不可少的设施条件）。而环节二的有效与否更多地取决于相关部门的防疫消杀工作和大众良好的卫生习惯（多类传播途径中，以切断经由呼吸道的空气飞沫传播最为困难）。相对而言，我们规划工作者们或许可以赋予环节三（保护易感人群）更多的人文关怀和专业思考。

2. 一类不容忽视的易感人群：流动人口

在各类易感人群中，除了要对医学意义上缺乏特异性免疫力和抵抗力较弱的个体进行保护外，还需要特别关注社会学意义上的一大类易感人群——"流动人口"。该人群因规模庞大、频繁流动而面临着接触传染源的高风险，极易在不知情的状态下被感染而携带病原体，即使患病往往也无法及时就诊和隔离，从而由易感者转化为新的"受害者＋传染源"，并在客观上导致疫情的进一步扩散。

回溯历史，传染病一直是威胁人类健康、造成公共卫生危机的主要杀手，且往往伴随着不同人群和不同目的流动而在不同的空间流转和扩散。

十字军东征从中亚疫区将鼠疫带回欧洲，由意大利南部经陆路、水路而辐射到欧洲的全域，在 1347 年至 1353 年间夺走欧洲总人口三分之一的生命，隐在幕后的流动人口是长途跋涉的远征军和商旅。哥伦布发现新大陆之前的印第安人口约为 0.5 亿 ~1 亿人，16—18 世纪间欧洲殖民者将天花这一致命病毒传入美洲而导致当地 90% 的印地安人死亡，隐在幕后的流动人口是雄心勃勃征服新大陆的殖民者和探险者。霍乱作为顽固的烈性传染病，19世纪之前曾在印度地区多有流行，直至19世纪后期才由印度的地方性流行升级为世界性大流行，隐在幕后的流动人口是跨越印度边界的朝圣信徒和商旅。1918—1919年的大流感造成全世界约10亿人感染、4000万人死亡（仅西班牙一国即有800万人被感染，故亦称"西班牙流感"），隐在幕后的流动人口则是第一次世界大战参战国因大规模军事活动而频繁调动的军队⋯⋯

在每一次新疫情的发生和扩散背后，几乎都能看到各类人口大范围转移和大规模流动的身影，他们既是拥有不同目标和身份的易感人群（如奔袭的军人、交易的商人、朝圣的信徒、征伐的探险者等），也可能是疫情中潜在的受害者和传染源。虽然今天我国的人口流动无论是目标、身份还是类型都已经和历史不可等量齐观，但是历史的经验和教训却在反复警示我们：在当下疫情中，同样要充分关注和重点保护我国数以亿计的流动人口，务必要让这一易感人群远离成为"受害者＋传染源"的双重风险！

二、流动人口（农民工）的就业和居住

1. 流动人口的内涵和分类

目前关于"流动人口"尚未形成统一而明确的定义，不同的学者曾从经济学、人口地理学、行政管理等角度赋予其不同的含义，

不同的学科甚至不同的地区对于"流动人口"也有不同的理解，并在认知的角度（地理空间、社会地位和户籍管理）上产生分化。

比如说国际上一般会从广义和狭义两方面来定义流动人口：广义的流动人口根据其在流入地停留时间的长短，可分为长久性迁移人口、临时性的暂住人口和差旅过往人口三类，狭义的流动人口则只包括那些在某一地域作短暂逗留的差旅过往人口 [1]。但是就我国的流动人口而言，由于以户籍管理为表征的城乡二元结构的长期影响，流动人口专指那类在一定时期内不改变自身户籍状况并且离开常住户口所在地在另一行政区域暂时居住或临时外出的人口 [2]。可见，规划专业语境下的流动人口主要对应于国际上的暂住人口和差旅过往人口，而不包括通常意义上的迁移（在地理空间上改变常住户口所在地的长久性移动）人口。

按照流动的性质或原因来划分，如果历史上的军人和信徒分属于军事型和文化型流动人口的话，那么我国当前的流动人口则主要属于社会型和经济型两大类。其中，前者是指因随迁家属、投亲靠友、退休退职、学习、旅游、就医等原因而流动的人口，其流动具有零散、随机和非常态的特征；而后者是指因工作调动、分配就业、公务出差、考察培训等原因而参与城市各种经济业务活动的人口，其典型代表即是"改革开放之后以谋生营利为主要目的、进入城市从事社会经济活动的农村剩余劳动力和经济型暂住人口"——农民工（或称进城务工人员）。据 2000 年的人口普查，全国有流动人口 12017 万人，其中农民工占 73‰，达到庞大的 8700 万人[3]。而国家统计局发布的《农民工监测报告》则显示，2018 年农民工总量已持续增至 28836 万人，比上年又增加了 184 万人。这一边缘性群体在流动上明显不同于社会型流动人口，具有规模化、常态性和长期必需之特征，因而也更具有关注和探究的现实意义和样本价值（图 1）。

图 1 全国不同地区的农民工"输出—输入"规模分布图（2017，2018）

注：东部地区：包括北京、天津、河北、上海、江苏、浙江、福建、山东、广东、海南 10 个省（市）；
中部地区：包括山西、安徽、江西、河南、湖北、湖南 6 省；
西部地区：包括内蒙古、广西、重庆、四川、贵州、云南、西藏、陕西、甘肃、青海、宁夏、新疆 12 个省（自治区）；
东北地区：包括辽宁、吉林、黑龙江 3 省。

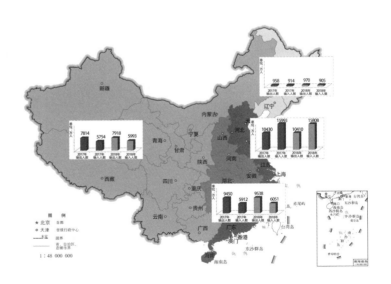

134

事实上，农民工规模化、常态性的流动特点近日已经在珠三角、长三角、京津冀地区陆续浮现的节后返城现象中再一次得以印证，而据人力资源和社会保障部统计公报估计，最终会有 17266 万农民工返城务工。党中央也在一系列政治局常务委员会会议上指出："要在做好防控工作的前提下，全力支持和组织推动各类生产企业复工复产，要继续采取'点对点'等多种交通运输方式让员工尽快返岗复工……"这就必然涉及大规模农民工的异地迁徙、复工就业和择居。对此，我们既要充分理解和考虑这一群体在城市中谋生立足、养家糊口之刚需，又要兼顾城市经济发展、小康社会全面建设的长期之必需，还要尽最大程度消除或降低疫情传播之风险。这就意味着：我们既不可能回到过去的"城乡二元隔离"状态以阻遏农民进城和正常流动，也不能在农民返城进城后采取"堵、封、隔"的一刀切式管控手段。于是，这就产生了一个现实问题："农业转移人口"作为我国新型城镇化战略长期推进和落实的重点对象之一，在应战新型冠状病毒肺炎疫情的短期背景下，又该如何得到重点关注和充分保护呢？

笔者认为：在保障农民工有序返城进城的前提下，我们不妨结合其不同的就业方向和居住方式分类施策，通过提升社区治理水平来实现流动人口（农民工）这一易感人群的有效保护和合理管控。这就有必要先对农民工群体不同寻常的就业状况和居住实态做一调研和总体梳理。

2. 农民工的就业特点

改革开放之后，曾在城乡分治政策下长期受到管控与压制的农村剩余劳动力，伴随着农村体制的改革、乡镇企业的转型、农民观念的变化和城乡壁垒的逐步打破，汇成了规模宏大的进城大军和势不可挡的"民工潮"。

从某种意义上说，经济型流动本身就是一类参与市场化就业的典型表现，而农民工正是通过向城市的大规模集聚来寻求非农化的就业岗位。目前城市第二、三产业已然成为承接农民工就业的重要渠道，尤其是建筑业、制造业和商业服务业更是成为吸纳这一群体的三大主流方向。

国家统计局数据显示，2018年从事第二产业的农民工比重为49.1%，其中建筑业人员占18.6%，制造业人员占27.9%；而从事第三产业的农民工比重为50.5%，比上年提高了2.5个百分点并超出了第二产业就业占比，其中从事商业服务业的农民工继续增加，批发和零售业，住宿和餐饮业，居民服务、修理和其他服务业的从业人员累计已达到31.0%（表1）。

作为一类细化的补充和印证，课题组曾在2009年和2015年对南京市主城区的农民工就业情况进行大范围调研，发现该群体就业还具有以下特征[4]。

行业		2017 年（%）	2018 年（%）	增减（%）
第一产业		0.5	0.4	-0.1
第二产业		51.5	49.1	-2.4
其中	制造业	29.9	27.9	-2.0
	建筑业	18.9	18.6	-0.3
第三产业		48.0	50.5	2.5
其中	批发和零售业	12.3	12.1	-0.2
	交通运输、仓储和邮政业	6.6	6.6	0.0
	住宿和餐饮业	6.2	6.7	0.5
	居民服务、修理和其他服务业	11.3	12.2	0.9
	公共管理、社会保障和社会组织	2.7	3.5	0.8
	其他	8.9	9.4	0.5

表 1 农民工所从事行业统计

（1）男性农民工占比较大，但是其比例在逐步降低，年龄结构也呈高龄化趋向。通常，农民工被认为是城市年轻劳动力的主要来源之一，但是 40 岁以下的农民工比例 2015 年时已降至 47.55%。

（2）安徽省取代江苏省成为南京市农民工的最大来源地（由 2009 年的 32.02% 上升至 2015 年的 40.94%），务工经商也成为农民工进城的主流目的，其比例由 2009 年的 75.21% 上升至 85.38%。

（3）农民工就业性质以个体工商户和私营企业为主，且有逐步集中之趋势，其吸纳的农民工比例已由 2009 年的 76.68% 上升至 2015 年的 83.39%。

（4）年轻人是农民工就业空间演化的主体，尤以中青年发生二次就业迁移的概率为高，其未迁移人数和迁移人数比为 3.27，而在 25 岁以下和 40 岁以上的农民工中，这一数值分别为 5.77 和 6.07。

3. 农民工的居住特点

就农民工个体的居住条件而言，已普遍呈现出人均居住面积继续增加、购房比例和享受保障性住房比例逐渐提高、居住设施不断改善等特点。就农民工群体的择居偏好而言，不同就业方向的农民工对于居住方式和居住地点的选择往往也存在明显差异，这在建筑业、商业服务业、制造业三大主流行业之间体现得尤为显著。即便是同一个体，其居住也往往因时间流转而发生空间上的迁移和变换，这就会在一定程度上决定和改变农民工居住空间的静态结构和动态规律，进而在宏观层面上生成了既不同于城市整体结构、彼此间又特征各异和镶嵌层叠的多类居住空间和模式。

具体而言，建筑业工人多由建筑企业集中安排于施工现场搭建的工棚（或是装修现场），并随着施工项目的变换而流移于各处工地之间，其在实现职住空间一体化的同时，也成为了城市大系统中临时却封闭的一类空间单元。而制造业工人如果是在实力条件较好的大中型国营企业、三资企业或是私营企业就业，通常会由企业统一安排住宿（以集体宿舍和公寓为主），往往和就业空间（如工业区和开发区）相邻甚至一体化，但是相对独立于所在的城市系统之外。相比之下，反倒是从事商业服务业及小工业的农民工更倾向于通过自行租房来满足生活需求（并以旅店、亲友等为补充），因此对于居住—就业空间的考虑更为复杂和多元，或相邻或分离，或散租、散居或自发聚居，都已转化为城市居住空间难以剥离的一部分（表2）。

主要居住方式		主要就业方向	空间分布		备注
			社区/单元层面	城市层面	
主动择居	宾馆旅店	以商业服务业与小工业为主	散居	郊区为主，市区为辅	—
	亲友家中			同亲友居住地直接相关	具有一定的布点随机性
	租赁房屋（自租型）		自发聚居+散租散居	郊区为主，市区为辅	郊区：小聚居+大散居 市区：散租散居为主
被动择居	集体宿舍（宿舍型）	制造业	被动聚居	郊区	同企业的"退二进三"以及企业提供的宿舍、公寓区位有关
	工地现场（工棚型）	建筑业	被动聚居	同建设项目布点直接相关	同城市各阶段的建设重点和开发项目布点相关

表2 农民工不同居住方式的空间分布比较

通过对农民工就业特点和居住特点的大体分析，我们不难洞悉这一易感人群不同于其他群体的鲜明特征，这就为我们针对其不同的就业方向和居住方式分类施策、通过社区治理水平的提升加强流动人口的有效保护和合理管控提供了现实依据和操作方向。

三、结合社区治理的流动人口（农民工）管控策略

1. 社区与社区治理

社区作为承载人们日常生活的普遍性社会实体，不但是城乡空间治理的基本单元，也是此次新型冠状病毒肺炎疫情下病毒预防控制和易感人群保护的第一道防线。

21世纪以来，随着城市建设整体环境和价值取向的新变化，中国也迎来了一个重启社区自组织功能、提升社区治理水平的重要契机：一方面以资源约束条件下的内涵提升替代以往粗放式的城市拓张，开始成为中国城市演进的"新常态"，另一方面中共十八大以来中央政府强力彰显"人本"理念，视民生工作和社会治理为时代重任，则预示着中国发展模式和导向的重大转向。在此背景下，"社区"便成为新时期实现"增量—存量"转型、创新社会治理、改善民生状况的基本单元和重要抓手。

而社区治理作为治理理论在社区领域的实际运用，是指在一

定区域范围内政府、社区组织、居民及辖区单位、营利组织、非营利组织等，基于市场原则、公共利益和社区认同协调合作，有效供给社区公共物品、满足社区需求、优化社区秩序的过程与机制，这其实也是一个长期而复杂且需要各方努力的议题和方向。

一般而言，完善的社区治理有助于社区经济的发展、社区文化的繁荣、社区环境的美化和社区治安的改善，更是促进社区共同缔造、培育社区精神的渊薮。即使是面临新型冠状病毒肺炎疫情的今天，我们也可发挥社区效用，依托社区治理，实现以农民工为代表的大批流动人口的有效保护和管控。

2. 结合社区治理的分类管控

中共中央政治局常务委员会在 2020 年 3 月 4 日的会议上指出，在根据疫情分区分级推进复工复产的前提下，"要确保员工安全健康的生产生活环境，要严格做好员工吃、住、行，车间管理等环节的防疫工作，要发挥好企业家作用，充分调动企业家积极性和创造性"。

在这一大原则下，考虑到建筑业、商业服务业、制造业是当前城市吸纳农民工的三大主流行业，我们可以针对这一易感人群不同的就业方向及其差异化的居住空间，结合社区治理实现流动人口（农民工）的有效保护和分类管控。

（1）建筑业从业人口。这类农民工在居住方式上以被动择居为主，在居住空间上则以工地现场相对封闭的工棚为主，并随着工程项目的变化而不断流转和拆建。

考虑到工棚型空间的临时性和功能单一性，其每一次选址和搭建除了要满足基本的人均居住面积标准、生活设施配套（如食堂、卫浴等）和灵活多变的单元组装要求外，还建议将"健康影响评估"环节纳入这一临时性社区的规建和管理流程之中，由规划部门联合公共卫生部门确立评估程序，展开健康风险评估，进行规建反馈调整和保护务工人员。评估内容须涉及：工棚是否能满足农民工的通风、采光、安全等健康卫生需求，是否定期展开社区的防疫消杀工作，周边社区是否配建有设备和物资完善、可有效分区隔离的医疗设施（因自身缺少类似配备）等，以整体提升该高密度社区在公共卫生方面的抗风险水平。

需要补充的是，在建筑业的各类从业人员中，除了房屋工程建筑业为农民工提供和搭建的工棚型空间之外，其实还有一部分农民工（以建筑装饰业从业人员为主）采取了"施工阶段暂居于装修现场，其余时段则以自租型空间为主"的居住方式，那么这一部分农民工则可以按照下述的商业服务业从业人口进行保护和管控。

（2）商业服务业从业人口。这类农民工在居住方式上以自租型为主，在居住空间上无论是散租散居还是自发聚居，其从空间到人口均已成为城市大居住体系中混合难分的一部分。因此在应对疫情时，需要双管齐下，大小兼顾。

一方面在空间上，由城市统筹部署、分层构筑覆盖流动人口（农民工）的防疫责任单元。其中，城市层面的工作重点是建立应对公共卫生事件的应急保障体系，按照"集中管理、统一调拨、平时服务、灾时应急、采储结合、节约高效"之原则，健全相关工作机制和应急预案。而社区层面的工作重点是建立基层的公共卫生与疾病预防控制体系，通过健全公共卫生服务体系，优化医疗卫生资源投入结构和加强基层医疗卫生设施建设，切实地提升我国社区作为"战疫"第一道防线的基层防控能力，将预防关口前移并织密织牢，以避免小病酿成大疫。

另一方面在人口上，则需要针对农民工实行专门化、网格化[5]的保护和管控——以社区为单元，组织配备包括社区工作者、机关包片干部、社区警员、社区监督员（以居民中的老党员、人大代表、4050人员、热心公益事业人员等为主）等在内的社区工作小组，线上线下相结合，大数据和精细化管理相结合，对重点疫区的流动人口展开"拉网式"摸底、访查和健康评估工作，并同公共卫生部门确立联动保健机制。同时按照"谁出租、谁负责"原则采集流动人口信息，分片按人落实防疫责任，而出租人作为出租房疫情管理工作的责任主体，需要主动及时地向社区和辖区派出所报告承租人信息，并和社区一道为隔离的流动人口提供必需的生活保障和亲情化服务，也借此磨合形成"网格化定位，责任化分工，精细化管理，多元化参与，信息化支撑"的现代社区治理体系。

（3）制造业从业人口。这类农民工在居住方式上同样以被动择居为主，但是在居住空间上以企业统一组织、建设或是租赁的集体宿舍和公寓为主。相比而言，该聚居空间既不同于临时性的工棚型空间，也和混居于城市的自租型空间不同，多具有空间相对独立和人口构成同质之特点。因此，可以更集中地考虑如何提升社区作为生活基本单元的治理能力，发挥其面向公共健康的农民工保护和管控职能。

其主要工作包括：注重类似社区规划的科学性和针对性，可结合务工人员日常活动、出行规律、社群组织的研究，实现物质空间设计、社会空间组织和公共卫生防控的有效融合。发挥社区在疫情防控下的积极作用，加强疫情监控、防控措施宣传，加强公共卫生的防疫消杀工作。阶段性实行"封闭式管理"，建立联动的社区安全与综合治理机制，共同实现对区外人员、车辆进出的报备排查和跟踪管理。尤其需要针对农民工在城市立足的居住、就业之刚需，发挥相关主体在特殊时期的服务意识和责任担当，社区为流动人口搭建在生活上互通互助的机制平台（如日用必需品供给、医疗保健等），用工企业为务工人员提供从工作到生活的全面支持和温情关怀（如稳岗用工、疫情停工待遇、医保社保等），地方政府则要为农民工和复工复产企业（以个体工商户和私营企业为主）提供包括加大金融支持、稳定职工队伍、减轻企业负担等在内的一系列政策扶持，减负纾困，消除流动人口及其企业的后顾之忧等等。

四、结语

在新型冠状病毒肺炎疫情所引发的巨大公共卫生危机之下，笔者认为：要充分关注和重点保护我国数以亿计的流动人口，尤其是改革开放之后以谋生营利为主要目的、进入城市从事社会经济活动的农村剩余劳动力（农民工），那么如何让这一易感人群远离成为"受害者 + 传染源"的双重风险呢？

本研究认为：考虑到建筑业、商业服务业、制造业是当前城市吸纳农民工的三大主流行业，可以针对这一易感人群不同的就业方向及其差异化的居住空间，结合社区治理实现流动人口的有效保护和分类管控——对于建筑业从业人口的工棚型空间来说，重点是将"健康影响评估"环节纳入社区的规建和管理流程之中，以整体提升其在公共卫生方面的抗风险水平；对于商业服务业从业人口的自租型空间来说，既需要在空间上由城市统筹部署，分层构筑覆盖了流动人口的防疫责任单元，又需要在人口上针对农民工实行专门化、网格化的保护和管控；对于制造业从业人口的宿舍型空间来说，则需要集中考虑如何提升社区作为生活基本单元的治理能力，发挥其面向公共健康的农民工保护和管控职能，尤须针对农民工在城市立足的居住、就业之刚需，发挥相关主体在特殊时期的服务意识和责任担当。

综上，通过分类施策、分层构筑和分片落实，融流动人口的保护和管控于社区治理之中，让这一易感人群远离疫情的"受害者 + 传染源"身份，也让这一流动人群逐渐建立对社区乃至城市的归属感和认同感，进而促成农民工在务工城市的真正定居。这不仅有利于日后公共卫生危机的应对和"健康中国"的建设，更是新型城镇化下推动农业转移人口市民化的长期所望。

（感谢硕士生陆筱恬在数据整理和相关绘图方面的协助）

参考文献

[1] 吴晓.我国城市化背景下的流动人口聚居形态研究——以京、宁、深三市为例 [D]. 南京：东南大学，2001.

[2] 吴晓，等.我国大城市流动人口居住空间解析——面向农民工的实证研究 [M]. 南京：东南大学出版社，2010.

[3] 周建军.经营城市：城市发展的新理念和新模式 [J]. 城市规划，2002（11）：30.

[4] 资料源于课题组对南京市主城区农民工的大抽样调研数据（2009，2015）.

[5] 网格化管理是一种按照地域管理原则，将管辖划分成若干个网格单元，每个网格执行动态、全方位管理的数字化管理模式。目前，这已成为我国以社区为基本管控单元创新社会治理体制、改进社会治理方式的一类尝试。

[6] WHO . Constitution of the World Health Organization[A] //WHO Basic Documents，40th ed[C] . Geneva: World Health Organization, 1994 .

[7] 邱梦华，秦莉，李晗，等.城市社区治理 [M]. 北京：清华大学出版社，2013.

[8] 梁鸿，曲大维，许非.健康城市及其发展：社会宏观解析 [J]. 社会科学，2003(11)：70-76.

[9] 许从宝，仲德崑，李娜.当代国际健康城市运动基本理论研究纲要 [J]. 城市规划，2005(10)：52-59.

图表来源

[1] 图 1 笔者根据国家统计局.农民工检测报告 [R]，2018 自绘。

[2] 表 1 国家统计局.农民工监测报告 [R]，2018。

[3] 表 2 笔者自绘。

11

新型冠状病毒肺炎疫情期间日常生鲜消费行为的变化及思考

孙世界　陈文君

新型冠状病毒肺炎疫情期间
日常生鲜消费行为的变化及思考

New Changes of Daily Consumption Behavior during
Epidemics of Novel Coronavirus Pneumonia and Some
Thoughts

（【专辑】新冠防疫时期东南建筑学者的思考）

孙世界　陈文君

孙世界
东南大学建筑学院副教授
陈文君
东南大学建筑学院硕士研究生

新型冠状病毒肺炎疫情突发事件中，各地城市采取了封城、封闭小区、关闭大型市场、交通管制、禁止集会等措施来抗击疫情，取得很好的效果，但也对市民的日常生活产生一些影响。本研究对南京市民日常生鲜消费行为的调查数据来自两次网上问卷调查：一次是 2020 年 1 月 10—11 日的调查，当时疫情尚不明朗，南京仍处于正常状态，调查范围是南京城区，有效样本 139 份；一次是 2020 年 2 月 20—21 日的调查，此时疫情已发生近一个月，调查范围为全国范围，有效样本 487 份，其中南京城区样本 128 份。本文主要对两次调查中南京城区的样本进行生鲜消费行为分析，初步得出以下结论。

一、消费渠道：线上消费大幅增加，但线下实地消费仍占较高比重

疫情期间，以家庭为单位通过线上渠道（包括盒马鲜生、苏宁小店、淘鲜达、京东到家等平台）购买生鲜的比例由平时的 63% 增加至 85%，从不使用线上渠道的家庭比例由平时的 37% 降至 15%（图 1）。调查数据还显示，尽管线上渠道消费行为大幅度上升，但疫情期间，以家庭为单位消费渠道中超市（62% 的家庭使用）和菜市场（43% 的家庭使用）等线下渠道占比仍然很高。究其原因，一方面是线上销售平台面对突增的需求准备不充分，特别是配送人员不足，满足不了激增的配送量，另一方面超市和菜市场的防护措施到位，加上货品新鲜丰富，也吸引部分市民前来消费。

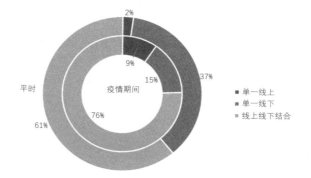

图 1　市民生鲜购买渠道

平时

疫情期间

2%

9%

15%

37%

76%

61%

■ 单一线上
■ 单一线下
■ 线上线下结合

二、消费习惯：频率降低，次均消费增加

调查显示，疫情期间市民生鲜消费的频率明显降低，只有 2%
的被调查者几乎每天购买，而在平时这个比例有 27%（图 2）。
与此相对应的是次均消费金额的增加，平时次均消费金额主
要集中在 20~100 元区间，占比 71%，超过 100 元的比例只有
14%，而疫情期间超过 100 元的比例达到 70%，疫情期间消费
者的囤货行为比较明显（图 3）。

另外，与平时相比，疫情期间线下实地消费的交通方式中自
驾的比例上升明显，公交和步行的比例大减，这与次均购买
量较大的囤货行为相关。结伴购物的比例也从平时的 45% 降
至疫情期间的 28%。

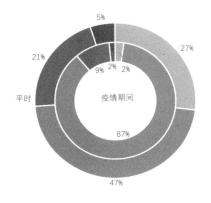

5%
27%
21%
9% 2% 2%
平时   疫情期间
87%
47%

几乎每天购买
每周 1~3 次
每月 1~3 次
基本不购买

图 2 市民生鲜购买频率

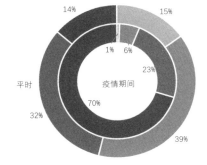

14%
15%
1% 6%
平时   疫情期间   23%
70%
32%
39%

20 元以下
20~50 元
50~100 元
100 元以上

图 3 市民单次生鲜消费金额

三、消费人群：有趣的变化

根据初步统计，平时和疫情期间的生鲜消费者的个人属性呈现一些有趣的变化。30 岁以下的消费者占比从平时的 42% 骤降至疫情期间的 9%，而 45 岁以上的消费者占比则从平时的 31% 增至疫情期间的 57%。消费者的性别也有变化，男性消费者的比例从平时的 37% 增至疫情期间的 48%。除了样本本身的误差外，这种变化可能也与恰逢春节期间的家庭成员构成的变化有关。最后，有 79% 的被调查者表示疫情过后自己的生鲜消费习惯会发生改变，这种改变体现在消费渠道、消费频率等方面。

关于重大公共卫生事件突发时期城市日常生活服务供给和管理的几点思考：

（1）日常生活服务设施和供给的多样性可以提升城市的韧性，增加城市和社区应对重大公共安全和公共卫生事件的能力。本次疫情期间生活物资消费的线上渠道发挥了重要作用，为抗击疫情提供了更加灵活和多元的保障。

（2）日常生活服务的供给方式面临重要转变，可以预期，新兴的线上消费模式、无接触服务模式将会占据越来越多的份额，对社区生活设施布局、社区公共空间建设都提出新的要求。城市规划和城市建设如何应对 5G 和物联网技术带来的生活方式的改变，以及相应的社区服务行为模式和空间模式的变化，将是学界和业界必须面对的挑战。

（3）日常生活服务与城市社区建设紧密相关，除了社区设施和空间需要做出应对外，社区管理也应对新的空间模式做出回应，优化人流、物流的管理流程，提升管理效率，整合管理模式，这不仅仅是应对重大突发公共事件的要求，更是面对未来城市生活的响应。

12

通过社区规划提升社区韧性

王承慧 刘思利

通过社区规划提升社区韧性

Improving Community Resilience through Community Planning

（原载于《城市规划》 2020 年 2 期）

王承慧　刘思利

王承慧

东南大学建筑学院城市规划系教授

刘思利

东南大学建筑学院城市规划系硕士研究生

人类所面临的灾害及其破坏并不会由于技术进步而有所减少，危险暴露程度甚至由于人口城镇化而有增无减。新型冠状病毒在很短的时间内成为笼罩在中国城乡大地上的阴影，社区很快成为抗疫战争的联防联控前沿阵地。国家和地方政府紧急实施应对疫情的社区联防联控、小区封闭管理、分区分级诊疗等举措，伴随疫情逐渐缓和，逐渐关注建设智慧社区助力长期防疫，强调三社联动的线上社区防控互助等。可以看到政策从紧急应战向长期防控转向。一方面，不同社区抗疫状况并不平衡，需要及时梳理社区抗疫状况，以准确把握社区应对疫情的能力状况及其机制，从而为更有效的长期防控制定针对性的社区能力提升策略。另一方面，在新型冠状病毒进入全球大流行背景下，动态观察各国治理体系的长处与短板，可以看到中国的举国体制和民众配合适应国情，取得了不凡的成绩，但是还有进一步提升的空间。中国的社区治理作为国家治理体系的重要构成，需要通过社区建设不断优化完善。

一、社区韧性提供评估社区抗灾能力的科学视角

社区韧性是城市韧性体系中不可或缺的重要构成[1-2]（图1）。所谓社区韧性，是指一个社区适应、应对大规模灾害等风险的能力，包括社区自我组织的能力、在压力下调整的能力，以及学习和适应的能力。一个有韧性的社区能够以积极的方式应对变化或压力，并能够快速恢复。城市是一个典型的复

杂巨系统，面临灾害时，若行政系统由于种种因素不能快速切换至应急模式且有效应对时，社区将直接面对灾害的巨大冲击。此时，有韧性的社区就可以有效减轻灾害影响，并在应急体系启动后快速进入整体共同运作。同时，有韧性的社区也可以反馈警示信息，给政府决策提供建议，成为政府抗灾的有力支撑。

社区的物质空间韧性，体现在社区的选址、住房、公共设施、基础设施、空间环境等方面应对各类自然灾害的能力。比如选址是否安全，物理环境是否良好，消防是否达到要求，雨水系统能否应对暴雨灾害，环境卫生、安全疏散、人防设施等是否达到要求，疫情来临时是否能够依据抗疫要求快速灵活地调整公共空间并实施适当的隔离，等等。

然而，仅有物质空间层面的社区韧性是不够的，社区如果缺乏社会韧性，其空间设施得不到良好的运营管理，将难以发挥效用，更易遭受灾害打击的弱势群体将难以获得帮助，面临大型灾害时分裂的社区将继发次生灾害，更为严重的是难以快速恢复。社区的社会韧性，体现在社区的社会可持续性、社区的社会资本以及社区的治理组织架构（图2）。

二、新冠疫情响应中社区韧性的不均衡

从相关媒体报道中，能够看到一些有责任心的业主为小区出

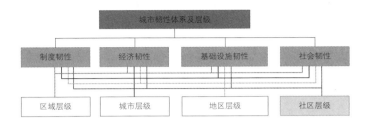

图 1 城市韧性体系及层级关系

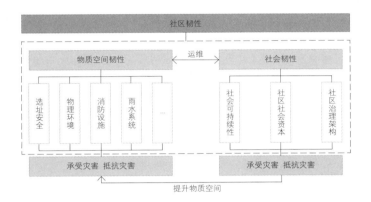

图 2 社区韧性体系

的防控金点子，一些社区居委会人手不足但依然坚持工作，一些社区民警利用无人机对社区居民进行提醒，一些社区居民之间爱心互助，服务社区的环境卫生、物业管理和快递公司员工坚守在岗位上等等。在疫情趋于缓和后，笔者研究团队于 2020 年 3 月中旬进行了基于社区类型的抗疫状况网上调研，共收集有效样本 442 份。居民问卷结果显示：小区管理架构越完善，居民对抗疫效果满意程度越高；在管理架构不完善的小区，居民满意度较低，但自组织和志愿团体的作用被激发出来，发挥出重要的补充作用；中小城市相对于大城市，居民自组织和志愿团体的作用更大（图3、图4）。

图3 不同类型社区疫情防控力量占比

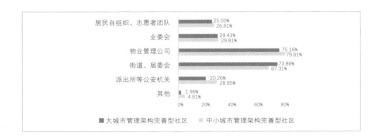

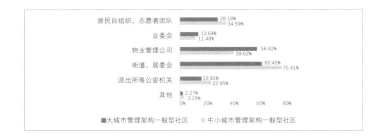

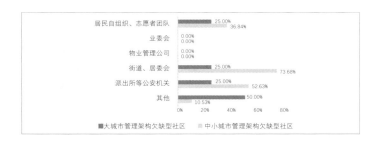

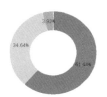

措施得当，防护较好

有一定防护，整体一般

各部门不作为，防护较弱

盲目封锁，力度过大

图 4 不同类型社区疫情防控的居民满意度

大城市管理架构完善型社区

中小城市管理架构完善型社区

大城市管理架构一般型社区

中小城市管理架构一般型社区

大城市管理架构欠缺型社区

中小城市管理架构欠缺型社区

可以看到，我国基层社区应对疫情的优势体现在：民众总体上高度配合政府管控举措，有整体一盘棋的意识，大多数民众高度配合封闭小区管控、人员摸排和隔离监督等措施；社区物资配送最初比较艰难，但在各方力量合作下和强大的线上物流市场的支持下逐渐得到保证；小区物业管理制度的发展取得了良好的成效，适应中国居住人口高密度聚居模式的管理；在困难条件下，一些社区的民众能够利用信息技术进行互帮互助、自我组织，社区自治具有发展潜力；对一些特别困难的社区，政府下沉干部、组织党员志愿者等措施起到了一定的作用。

然而，社区抗疫状况并不均衡，其背后的社区韧性深层问题绝不可忽视。其中，应对疫情的社区物质空间韧性问题并不很突出，社区社会韧性问题比较严峻。

1. 一些社区的社会生态存在问题

如果老龄化比例高，或有较多流动人口，或有较多低收入贫困户等特殊人群，抗疫就会十分艰难，应对疫情的能力愈发显得孱弱。在社区缺乏能力的情况下，众多弱势群体只能求助媒体；在社区既缺乏能力也缺乏责任心的时候，甚至出现人道主义悲剧。

2. 一些不和谐现象反映出社区社会资本的匮乏

社区社会资本，是由与社区有关的各类主体及其关系构成的嵌入在社区中的资源。社会资本匮乏必然伴随着社会信任低，自私自利，社区整体利益被忽视，社区难以达成共识。疫情中屡见不鲜的个人行为不良、街道社区或行为过激或无为、一些社区企业捆绑销售、社区难以从上层或相关机构获取支持等现象都是社区社会资本匮乏的体现。

3. 一些社区的治理组织架构十分脆弱

在疫情严重地区，很多社区表现出不堪重负，凸显出社区治理组织架构的脆弱。如果管理边界内人口众多、规模较大、无物业小区多、社区与居民关系疏离，那么问题将更加严重；紧急状态下地方政府实施下沉干部、动员党员志愿工作等举措，也只能解决燃眉之急。此类社区平时应对普通基层事务时其实也一直捉襟见肘。

三、将提升社区韧性融入社区规划

中国特色社会主义已经进入新时代，社会主要矛盾是人民日益增长的美好生活需要和不平衡不充分的发展之间的矛盾。

抗疫战争中亦体现出社区韧性的不均衡状况。对政府决策者来说，社区韧性以及集体实践能力的提升对于应对风险是极其有效的，智慧型政府应努力为社区创造一个有利其能力提升的环境。没有得到学习和成长机会的社区，如同永远长不大的巨婴。研究团队的居民调研显示，相较于疫情之前，居民对于疫情过后参与社区治理有更高诉求，相较于社区文娱活动，居民更希望参与正规的社区议事（图5）。

● 图 5 居民参与社区治理的意愿（左）与参与诉求排序（右）

顶层设计为社区建设构筑了具有中国特色的基础框架——坚持社会主义核心价值观，基层党建引领，三社联动，政府高度重视基本公共服务。然而，仅有基础框架是不够的，还需要具体的制度和机制设计。城乡规划作为公共政策，在社区规划和发展方面理应有所作为。

社区是城乡规划学科和城乡规划实践的重要领域，但也是一个缺乏正式制度支持的领域。中国城乡规划领域近年也进行了众多社区营造或更新整治等实践，但是这些实践有比较明显的项目导向，与社会建设的融合不足，缺乏对于社区规划的制度性探讨，项目效果局限于需求满足，缺乏更深远的目标，一些社区参与沦为形式甚至表演，综合效益不显。

社区韧性的营建，融贯于长期不懈的政府日常管理、多主体合作和社区参与治理过程之中[3]。为使社区营造、社区更新、旧区整治等项目投入获得更综合的效益，体现跨领域的发展，实现更长远的影响，应当将社区韧性的提升融入其中，长远来看，还应通过完善社区规划体系进行制度化保障。因此，提出以下三方面的建议。

1. 全面开展社区韧性评估

建立社区韧性评估体系，既包括应对各类灾害的物质空间韧性，更不可忽视社会韧性评估；评估结果作为设立社区有关的规划项目计划的依据。对既有的社区规划项目进行综合成效评价，既要包括物质空间功能，更要重视项目带动社会可持续性和社会资本提升的效果，总结既有项目的经验和教训。对于不同条件的社区，需要针对性地制订社区韧性提升计划，既要解决物质空间中的抗灾隐患，更需要在长期不懈的社区日常事务中优化社区生态：以积极养老的理念建设宜老社区，关注弱势群体教育与就业扶持，重视流动人口的社会管理，体现租售同权下的社区治理，对这些社区重点加强智慧平台建设，从而提升社区的社会可持续性。

2. 探讨中国特色的基于社区的规划体系

美国、英国、韩国、新加坡、日本等国家基于促进公平正义发展、复兴地方主义的民主、探索政府与市民社会的多种合作方式以及增强社会凝聚力等不同目标，构建了基于社区的规划体系，其中的一些经验值得借鉴，而问题也需要规避。中国特色的基于社区的规划体系，应成为社区参与、共同治理、协商议事、加强上下链接和横向合作的公共政策依托，探索将社区参与和社区规划纳入规划体系的中国路径。通过制度设计科学合理地推进参与深度，围绕社区利益拓展主体范围，促进社会信任，增进有效链接，从而提升社区社会资本。

3. 构建支持社区发展的法规和行政体系

探索中国特色的社区治理的法律体系，提升公民治理意识和责任；进一步修订居民委员会组织法，完善基层社区治理组织构架；完善对公益性社会组织尤其是社区服务型社会组织进行规范和鼓励的法规和政策，基于支持社区的目的进行机构改革，地方政府建立社区支持体系，设置长期赋能社区的培训和教育计划。

参考文献

[1]The World Bank. Building Urban Resilience: Principles, Tools, and Practice[Z]. Washington, D C: Managing the Risks of Disasters in East Asia and the Pacific, 2012.

[2]The United Nations Office for Disaster Reduction. Making Cities Resilient: My City is Getting Ready, 2012[Z]. Making Cities Resilient Campaign, 2012.

[3] 王承慧 . 通过社区参与规划提升社区韧性——应对 2020 新型冠状病毒肺炎突发事件笔谈会 [J/OL]. 城市规划: 1[2020-04-18]. http://kns.cnki.net/kcms/detail/11.2378.TU.20200214.1035.002.html.

图片来源

[1] 图 1 笔者根据参考文献 [1][2] 绘制。
[2] 图 2~ 图 5 笔者自绘。

13

观察、记录与反思

陈　薇

观察、记录与反思

Observation, Recording and Reflection

（原载于《建筑学报》2020 年 3—4 合刊）

陈　薇

陈　薇

东南大学建筑学院教授、博导

一、观察

最近一段时间一直为 COVID-19 寝食难安又心潮起伏，但出于专业的敏感，我还是关注到南京最繁华的地区——城南秦淮区 COVID-19 病例至 2020 年 2 月 9 日为零的现象，同时我也注意到北京的东城区是北京老城此次患者最少的一个区（9 例，2020.2.9）。这是开始返城复工前的重要节点。再放大一点看，至此时的南京老城内病例为零（图 1），北京的历史城圈内也寥寥可数（图 2）。相反，大家十分关注的武汉，由城市中心到边缘再到全省甚至周边省份，还是一石激起千层浪的涟漪现象（图 3）。对南京秦淮区数字为零的惊喜有微文比照了南京各区的 GDP、常住非户籍人口、人口密度等，终是相互矛盾，只有得出如此结论："秦淮区的上空仿佛有一个类似于瓦坎达那样的防护罩，无形地笼罩在了秦淮区的上空，庇护着这里的人民。"

  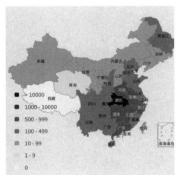

图 1（左） 2020 年 2 月 9 日南京疫情

图 2（中） 2020 年 2 月 9 日北京疫情

图 3（右） 2020 年 2 月 16 日 12 点 14 分全国新型冠状病毒肺炎疫情实时地图

疫情还在继续，人民则需要健康生活，长时间研究尚无头绪也无心境，在此仅对于期待尽快结束突发城市卫生事件后的城乡发展从本学科角度进行反思然后前行做一点思考。任教于美国威斯康星大学和法国社会科学高等研究院的历史社会学家伊万·尔马科夫（Ivan Ermakoff）在 2008 年出版的《自我淘汰：群体让权理论》（Ruling Oneself Out: A Theory of Collective Abdications）之"群体对位"（collective alignment）——个体会在彼此对照中调整自己的位置，是有一定的启发性的。如果说 COVID-19 是个风暴眼，希望这场灾难能够成为社会包括专业反思的推动。

二、2020.1.30 结构性分析

这是最煎熬的日子，武汉封城已 7 天。那天的南京老城外围患者增幅最大，尤其是集庆门生鲜市场一带（图 4），北京则

图 4　2020 年 1 月 30 日南京疫情

是海淀区患者增长人数最多。这两个曾经做过都城的大都市在选址和城市布局上具有一定的相似性和关联度，我做了一点结构性分析：从大环境来说，历史上两京均西边水域较多；从城市格局而言，西侧如今流动人口居多；尤其从略小尺度的南京城圈来看，如果从冬季主导风向为西北风而言，恰狮子山的尾部入城地带没有一点影响，而空旷的城—江之间红色最多，秦淮区则处在被气流或被"前卫战士"（如楼房、城墙）阻隔的地带。从对南京城墙本体调研来看，损坏最严重的便是城市西北角的狮子山脚地段和城东东南方向的拐角处（春夏为东南风）。可见，流动性——自然气流以及人群的多样性流动，对 COVID-19 的蔓延可能有一定影响，当然不排除老城外的基础设施相对于原城墙内而言有不足之处。而武汉在历史上是以市镇发展起来的，明代以后武昌、汉阳、汉口三镇鼎立（图 5），武昌和汉阳两城是规划而成，而汉口布局不规则，水路便利，汉水与长江夹持，为交通要埠，有自发

图 5　1876 年武汉全图

性特征，随着近现代航运和铁路于此地的发展，成为商、住、工业的混合用地，虽然也几经规划，但至 1979 年北侧依然为薄弱区（图 6），亦即华南海鲜市场为此次重灾所在地。可以见得，流动性强的区域在历史城市发展起来的结构中，和河流及水域有关，和自然有关，相对人工环境在历史上经规划而稳定的区域，是脆弱地带，也是"边缘"地带。

图 6 1979 年汉口示意图

三、2020.2.6 偶变性图景

医学专家第一次预计的潜伏期终于结束，但第二代潜伏者逐渐涌现。在这段时间，大家对于 COVID-19 的不确定性展开专业与非专业、科学与伪科学、官方与民间的广泛讨论。无论是哪方面，均特别关注和我们生活的人工环境有关的种种，如密闭电梯与按钮、风口与风道、地漏与弯管、住户把手与地铁拉手、厕所卫生与污水处理、开窗通风与空调循环送风等等，因为对未来没法确定，可能产生的偶变性均在人们的考虑之中。也就是此时，我关注到南京城南秦淮区 COVID-19 病例为零的现象，这是我非常熟悉的地区——南京城市规划中最严格的高度控制区，也是建筑密度最大的行政老区，这里白墙灰瓦是其外观特色，而住宅以多层和低层或者单层的合院为主是客观事实，少了电梯、风口、恒温恒湿等问题。这些偶变性构成的抗击或讨论疫情的图景，多和我们的专业有关，即人工创造的物质环境，虽然至今答案阙如。

四、2020.2.12 共时性敏感

没有哪个时期人们有如此的共振状态。旋涡中心的苦难和煎熬以及救治的艰辛，包括中心以外的普通民众之足不出户和城乡的万人空巷，打破了人们的约定俗成和常规行为，人们做决定时更依赖专家的表态、判断、指导和立场，人们对共时性有高度敏感，同时人们之间通过他人的选择来调整和定位自己。这样的情形，被尔马科夫定义为"群体对位"——并非所有人步调一致，而是个体选择后做出信念上的判断而说服自己而已。也可以说，在社会事件中，人的作用非常大。一方面，从好的方面说，诸如南京秦淮区这种高密度的建筑区域，人群之间的相互监督与相互参照加上管理水平的有效发挥，能够形成对于不确定性的导向把握；另一方面，认知共时性敏感形成的共振，可以通过群体对位机制发现问题，现在的大数据在这方面正在发挥重要作用，如每天的疫情实时报告，以便个人可以进行参照，规避前往的区域，调整相关计划等。

五、反思

专业历史或是社会历史，本应待尘埃落定尤其是人的生命得
以延续、生活健康得以保障之后才能回顾、重放和深究。但
历史学的本质也是为未来做准备。仅仅 20 多天，我们已经历
了历史学进行探究的过程或者方面：发现地点，找寻突变的
结构性成因；解释现象，对不可预测的偶变性进行预防；乱
中求策，及时调整共时性的过程转向。其实，这几个方面，
若转化到我们专业口径上，则是对自然环境、人工环境、人
的行为如何精准对位而进行认知层面和操作层面的问题。

在传统的规划和设计中，我们习惯依赖结构调整、功能定位
先行，而当一个城市发展到地铁、数字信息等构成网络的层
面后，如何以人为本、对位优先，进而通过建立制度和改良
规范，使之贯穿在设计中，再进而对其落实和调整规划已势
在必行。这个反转是对整体性的学科挑战。诸如，对于城市
不同区位和地带进行历史的透视，尤其要关注自然生态层面
的更科学和准确的需求，而不是粗犷地将整个城市作为真空
的不同规模的分割空间进行规划设计而已，或者仅是风格和
风貌上的差异。譬如，对于一些新建的可以直接从地下车库
进入住户的高层住宅，如何通过普及化的设备增设或者设计
如消毒通道等，保障公共空间和个人的安全。更重要的是如
何形成相对稳定的人群、住区文化和健康的生活方式，同时

以比较均质的公共配套如学校和幼儿园、社区医院等，通过制度管理和内在机制重建，实现在城市层面不同区位的多样和公平选择。还如，对于"自下而上"形成的"边缘"地区加强特殊的技术应对、补足如古代里坊制解体后带来的诸多灾害问题。又如，如何健全专业管理，设置地铁慢线（local）和快线（express）以分流聚集等。

在历史学中，"群体对位"的价值，便是更强调人的作用和相互间的一种互动关系，从而使得偶变性转化为一种可以信任的结构。在近几十年迅速灭失的邻里关系、大院文化、社区医院、教育公平等城市内在合理化机制，以及区位文化多样性和丰富性的过程中，我们建立起大而化之的城市特色、生硬死板的消防规范、无视区位的住宅设计选型、好看而并不生态的城市景观等。如果这次 COVID-19 能使人觉醒、警示和修正，对自然和生命的敬畏有虔诚的怀抱，对稳定的文化传承和健康生活方式有内在的身心需求，进而在技术上得以保障，以人为本，深耕细作，或许能补偿现有不足，在一定程度上防患于未然。

14

防疫医院的基本构想与设计策略

周　颖　陈欣欣　孙耀南

防疫医院的基本构想与设计策略

Basic Ideas and Design Strategies of Epidemic Prevention Hospitals

（原载于《建筑学报》2020 年 3—4 合刊）

（国家自然科学基金项目，51778074）

周　颖　陈欣欣　孙耀南

周　颖

东南大学建筑学院教授、博导

陈欣欣

东南大学建筑学院硕士研究生

孙耀南

南京理工大学土木工程系讲师

一、新型冠状病毒肺炎疫情的教训

众所周知，卫生防疫离不开社会各界的通力合作。其中，作为诊断与收治疫病患者的重要场所医院在防疫方面具有难以替代的关键作用。如果在疫情暴发时，各级医院不能及时有效地收治数量急剧增加的患者，后果将不堪设想。本次疫情中，在武汉各医院内外上演的一幕幕惊心动魄的场景，需要从事医院建筑设计的人员认真反思。

统计资料显示，武汉拥有的医疗设施不能算不丰富。截至2018年，全市拥有各类医院398所，基层医疗卫生机构5853所。其中，三级医院（含三甲医院27所）和二级医院的数量分别为61所和64所，每百万人拥有三级医院5.51所、三甲医院2.44所[1-2]。而全国平均每百万人仅拥有三级医院1.83所、三甲医院1.03所[3-4]。除医院数量外，武汉床位数指标也远远高于全国平均水平，全市总病床数为9.53万床，千人床位数达8.6床[1]。此外，相比国内其他城市，武汉的传染病床数量也并不少，金银潭医院有684床，武汉市肺科医院有122床。尽管还收治其他类型的传染病，但金银潭医院的呼吸科传染病床也有300床左右。但问题在于，虽然这些病床能够满足平时的需求，却远远不足以有效收治新型冠状病毒肺炎疫情暴发后短时间内数量激增的患者。不仅没能有效阻止疫情在患者家庭以及社会中的快速扩散，同时也导致大量患者无法得到及时医治而加重了病情。据统计，重症病例从发病到住院平均等待 9.84 天，在这个漫长的过程中，大量错失最佳治疗时机的患者由轻、中症转为重症 [5]。

结合武汉在此次疫情中的发展时段 [6](表 1) 以及定点医院、方舱医院的床位数推移 [7]-[12](图 1) 做进一步分析，可以发现疫情期间各类医疗设施还存在下列问题。

表 1　武汉疫情发展的五个时段

时段	日期	确诊病例（人）		主要事件	医治场所
		新增	累计		
第一时段	2019 年 12 月 31 日前	104	104	若干新冠患者前往武汉市中心医院就诊，既有周边首诊患者，也有转诊患者；有基层医务人员怀疑该病毒为可人传人的类 SARS 冠状病毒	三甲医院 + 传染病医院
第二时段	2020 年 1 月 1—10 日	653	757	测出病毒的全基因组序列，确认为新型冠状病毒	
第三时段	2020 年 1 月 11—20 日	5417	6174	对新病毒的危害认识不清，未及时采取行动	
第四时段	2020 年 1 月 21—31 日	26468	32642	1 月 20 日公布 61 所设发热门诊的医疗机构；22 日启动应急响应，并开始征用一般医院作为定点医院；23 日武汉封城；24 日筹建火神山和雷神山医院	门诊：发热门诊；住院：定点医院
第五时段	2020 年 2 月 1 日—23 日	44406	77048	2 月 1 日筹建收治轻症患者的方舱医院；2 日继续征用定点医院；3 日火神山医院投入使用；6 日雷神山医院投入使用；6 日可快速进行核酸检测的火眼实验室建成并投入使用	门诊：发热门诊；住院：定点医院 + 方舱医院

图 1　武汉定点医院和方舱医院病床数随时间的推移

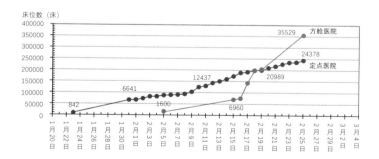

（1）三甲医院。在疫情的前 3 个时段，大量患者主要集中在武汉中心医院、同济医院、协和医院等三甲医院就诊[13]。这些医院虽然具有较强的呼吸科医治能力，但防感染标准不够，很难有效应对疫病患者。另外，由于这些医院的呼吸科门诊与急诊空间不足，且医技部的 CT 与核酸检测设备数量有限，在上述部门产生了严重的排队与拥堵现象，最终不可避免地出现了大面积的交叉传染。此外，这些医院的 ICU 以及急诊病区也因床位数有限而难以收治快速增加的患者。

（2）发热门诊。2003 年 SARS 后，我国大中医院普遍设置了独立的发热门诊，目的是将发热患者集中就诊，以防病毒向院内其他部门扩散。但由于医护资源有限，多数医院的发热门诊平时不开，仅在疫情明朗后才启动，因此在疫情初期不能有效发挥作用。

（3）定点医院。定点医院主要由部分二级和三级医院担任，平均病床数约为 410 床，但定点医院被征用后需要清退原来的患者。此外，与传染病医院相比，这些医院洁净区与污染区的分区不够明确，患者排泄物以及污水污物的排放标准也偏低。短期内临时搭建的火神山与雷神山医院虽然大大缓解了病床不足的现象，但也存在建设成本高、疫情过后难以有效利用的缺点。

（4）方舱医院。方舱医院属于没有更好措施的应急对策。有人建议征用医院附近的酒店收治患者，但酒店通常客房数量有限，加之护理观察困难，护理流线较长，在医护人员数量严重不足的情况下是不可取的。但方舱医院也存在患者生活环境较差、污水污物难以有效处理等问题。因此，今后倘若再次暴发类似疫情，应尽量减少乃至完全避免征用方舱医院。

（5）传染病医院。我国的传染病医院不仅收治呼吸科患者，还收治消化道传染病、结核病等各类传染病患者。近年来，疫情期外的传染病患者数量锐减，因此传染病医院平时不需要很多床位数。以急性肝炎为例，上海市的发病率已从2000年的每10万人83.41例降至2014年的7.11例，降幅达91.48%[14]。而日本早已不设独立的传染病医院，仅剩的1871张感染病床和3502张结核病床散布在各医院中[15]。此外，我国患者去传染病医院首诊的意愿不强，因而传染病医院的患者多由其他医院转诊而来。由于平时患者数量不多，传染病医院应对新型冠状病毒肺炎之类的呼吸科疾病的能力其实相当有限。因此，无论是增设传染病医院的床位数还是增设传染病医院，不仅平时不经济，疫情期间也难以取得预期的效果。

（6）以呼吸科为主的综合医院。由于呼吸科疾病发病率高、与疫情关系密切，882万人口的日本大阪府拥有3所各具特色的以呼吸科为主的综合医院，总病床数超过1000床[16-17]。但包括武汉在内的我国大中城市却非常缺乏高水平的以呼吸科为主的综合医院，实践证明，这对疫情的防控是相当不利的。

诚然，疫情的暴发与扩散涉及方方面面的因素。例如，医护人员很难在短时间内准确把握未知病毒的特性；新型冠状病毒的隐蔽性和传染性过强，难以区分疫病患者与普通患者；疫情的应急管理也存在失误等。然而，不能排除今后我们可能会面临更加狡猾、隐蔽且更具传染性的病毒，也很难完全避免在疫情管理方面不再出现疏漏。因此，为了确保医院在疫情期间有足够的空间来有效收治数量剧增的患者，我们必须做最坏的估计。基于上文的分析，现有的医疗设施体系难以有效应对类似新型冠状病毒这样的杀伤力极强的未知病毒，因此有必要提出新构想与新策略。

二、防疫医院的基本构想

如图 2 所示，正常情况下，某城市或地区的医疗需求与医疗供给之间大体平衡。不过一旦暴发疫情，往往短时间内医疗需求陡增，从而导致医疗供给与需求之间产生巨大落差，此时就需要通过医疗救援来填补医疗供给的不足。当然，广义的医疗供给包括医护人员、医疗设备、医用物资、医疗设施等诸方面，本文仅涉及医疗设施。不过疫情发生时，医护人员、医疗设备以及医用物资可以在短时间内从外地大量调配或输送，而符合防疫标准的医疗设施相对来说就没那么容易了。前文已指出，临时征用、搭建或改建的防疫医疗设施在不同程度上存在着这样那样的缺点或不足，而且又因平时、疫时医疗需求的巨大落差，大量建设传染病医院在经济上并不可取。因此，要规划设计好防疫医疗设施，必须能够在防疫效果与经济合理两个层面兼顾平时与疫时的不同医疗需求。

通过对此次疫情的反复思考，并结合日本灾害据点医院[18]的建设经验，笔者认为，对于武汉这样的超大城市，乃至国内的省会城市和重要的地级市，只有建设一定数量的防疫医院，并将这些防疫医院连成高效的防疫医疗设施网络（图3），通过彼此的协作来共同抵御未知超级病毒的冲击，才能比较圆满地解决由于平时与疫时医疗需求落差过大而造成的不能有效收治疫病患者的问题。换句话说，当疫情来临时，我们希望将疫病患者全部收治在各类防疫医院中，而尽量避免建设火神山、雷神山医院或方舱医院。

具体来说，对于武汉这样规模的城市，市域范围内至少需要建设1所中心防疫医院以及若干所一般防疫医院（图4、图5）。

图 2(左) 防疫医疗需求与供给

图 3(右) 防疫医疗设施体系

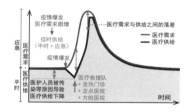

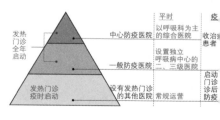

鉴于呼吸科疾病的发病率高且呼吸科传染病的危害巨大，建议中心防疫医院由新建一所 1000 床左右的以呼吸科为主的综合医院来担任。而同济、协和等大医院的主院区由于在疫情期间还须承担大量其他疾病患者的救治任务，因此不适合担当防疫的主力。中心防疫医院应拥有全市最高水平的呼吸科医护人员，平时除开展高难度的呼吸科临床治疗外，将发热门诊的运营常态化。为了有效预防或应对可能出现的新病毒或新疾病，这所医院还须具有较强的临床研究实力，不仅设有可快速进行病毒检测的高端实验室，还须与病毒所等基础研究机构保持密切的联系与合作。一旦疫情发生乃至扩散，这所医院将以收治重症、中症患者为主，并对众多的一般防疫医院以及其他医疗设施进行防疫指导。医院不仅按较高的防疫标准设计，还须留有足够的室外空间，能根据疫情程度通过扩容改造的方式，短时间内迅速增大门诊空间和病床数量，从而可以应对疫时之需（表 2）。

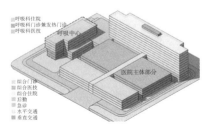

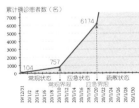

图 4（左）一般防疫医院的示意图

图 5（右）武汉疫情的两个界限与三个阶段

一般防疫医院则宜由市内已有的若干二级或三级医院通过防疫改扩建产生。建成后，这些医院将拥有按防疫标准设置的相对独立运营的呼吸中心，中心内则设有完整的门急诊、医技以及住院部。一般防疫医院平时承担一般呼吸科患者的治疗，并常态化运营发热门诊；除少量重症患者外，疫情时则以收治数量庞大的中轻症患者为主，也能按照需要对门诊空间和病床数量进行扩容。

● 表 2 中心防疫医院
与一般防疫医院

类型			中心防疫医院	一般防疫医院	
数量			至少设置 1 所	按照需要设置若干所（若以 6174 名患者为应急界限，宜 10~20 所）	
职能	平时		为市域范围内最高等级的以呼吸科为主的综合医院，设有可快速进行病毒检测的高端实验室，承担呼吸科疑难杂症的诊断、治疗及其相关临床研究，并与基础研究机构保持密切的合作关系；发热门诊常年启动；制定疫时运营计划，为一般防疫医院提供培训	为有条件独立设置呼吸中心的二、三级医院；将发热门诊与呼吸科门诊合并设置，常年启动发热门诊；为所在区域的医疗机构和社区提供防疫培训	
	疫时	疫区	通过各种方式大幅增加发热门诊能力，并接受医疗救援队		
			疫情期间承担防疫的骨干作用，收治重症、中症患者；探索并优化诊断和治疗方案；把握整体疫情，组织和调度医疗救护队，协助远程搬运患者	三级医院收治重症、中症患者；协助探索并优化诊断和治疗方案；协助远程转移患者	二级医院收治中症、轻症患者；收集并汇报所在地疫情信息，指导社区防护；协助远程搬运患者
		非疫区	探索最佳诊断和治疗方案，派遣医疗救援队，接受疫区转来的患者		
选址			邻近高铁站或飞机场，以便远程转移患者	—	二级医院多为区级医院，在城市中布局均匀，便于患者就诊
其他			室外有较大面积的空地并预留水电接口，可以搭建帐篷、停放移动车载 CT 机等检查设备；能储存大量防疫物资		

下文仍以武汉为例，进一步解释如果防疫医院建成将如何抵御疫情。如图 5 所示，武汉应对疫情的发展大致可为 3 个阶段。从疫情暴发至 1 月 10 日为第一阶段，疫病患者数量增长到 757 人，此时防疫医院尚处于常规状态，可通过设施的适当快速扩容来收治这些患者。如果措施得当，最好将疫情控制在该阶段，否则达到常规界限后，疫情就进入第二阶段即应急阶段。该阶段时间为 1 月 11—20 日，患者数量快速增长至 6174 人，所有防疫医院均进入应急状态，通过酌情将原住院患者移至他处，还是能有效收治所有的疫病患者的。但如果还不能将疫情控制在此阶段，达到应急界限后就进入了第三阶段即疏散阶段。该阶段为 1 月 21 日以后，由于患者数量成倍增长，仅靠本地的防疫医院已无法应对，需要将大批患者通过高铁防疫专列、防疫客机、防疫直升机以及防疫大巴等运输工具搬运疏散至外地的防疫医院。因此，除武汉外，全国其他省市也需要按照类似的方式酌情在合适地点建设一定数量的防疫医院。综上，可通过防疫医院构筑有效应对三个疫情阶段的三道防线（表 3）。

表 3 应对疫情的三道防线

三道防线	疫情特征	医治场所	收治患者数	疫情期间
第一道防线	常规状态	防疫医院	757 名	2020 年 1 月 10 日以前
第二道防线	应急状态	发热门诊 + 防疫医院	6174 名	2020 年 1 月 11—20 日
第三道防线	疏散状态	将容纳不下的患者疏散至外地的防疫医院	约 8 万	2020 年 1 月 21 日以后

三、中心防疫医院的设计策略

鉴于中心防疫医院在防疫医疗设施体系中的核心作用，下文重点探讨中心防疫医院的设计策略。

1. 科室构成

如前文所述，中心防疫医院宜由按防疫标准设计的以呼吸科为主的综合医院担任（图6）。虽然呼吸系统疾病多属常见病、多发病，但重症患者常会发生呼吸困难。据统计，我国呼吸科疾病的死亡率列第4位[4]。一般来说，呼吸科疾病与心血管、过敏、风湿等疾病关系密切。因此，中心防疫医院除了须以呼吸内科、呼吸外科为核心外，还宜结合医院特长，增设一些相关的其他科室。另外，擅长肺癌治疗的医院可还设置独立的肺癌中心[19]。

图 6 门诊医技科室设置示意图

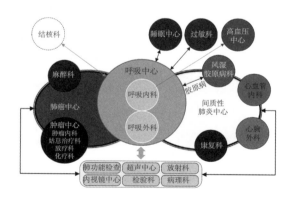

192

2. 防疫设计

（1）基本原则。中心防疫医院常常难免与未知病毒或各类细菌打交道。为有效防止院内感染，需要从医院总体布局、科室平面设计以及细部设计 3 个层面进行防疫设计。首先，按清洁度的要求合理确定各部门各科室之间的位置关系，进行洁污分区，并避免洁污流线交叉，在总体布局的层面将感染风险降到最低。其次，科室平面设计中应分别针对接触、飞沫、空气等 3 种传播途径，采取相应的防感染措施[20-21]（表4）。例如，多设洗手设备以防接触感染；加高隔断、加大彼此距离以防飞沫感染；通过高气密性的构造来防止室内空气扩散，从而避免空气感染。还有，通过细部设计进一步加强防感染性能。以洗手设备为例：水池形状要避免溅水；不宜使用有溢流口的洗手池，因为溢流口容易滋生细菌；尽量选用感应式墙装水龙头，因为如果水龙头安装在水平基座上，龙头与基座的交接处也容易滋生细菌（图7）。再以坐便器为例，宜选用壁挂

表 4　感染预防措施

感染方式	接触感染	飞沫感染	空气感染
总体布局	平面分区（清洁、半清洁、半污染、污染），洁污分流。空调系统排风口远离进风口和工作生活区，室内使用循环空气时应首选 HEPA 过滤器（能够收集 99.7% 的 0.3 μm 气溶胶颗粒）		
平面设计	洗手设备	隔离	正负压设定、换气回数、前室
细部设计	易清扫、防污性		气密性

式坐便器，因为容易清除坐便器与地板间的污垢，但壁挂式坐便器需安装在承重墙上（图8）。此外，踢脚板宜与地面一体化施工，以免转角处积聚灰尘，在负压病室宜设置空气压力监测仪等[21]。

图7（左） 防溅无溢水口感应式墙装水龙头洗手池

图8（右） 壁挂式坐便器

（2）病区设计。中心防疫医院的住院部设计须兼顾平时与疫时两种状态。疫情时须将平面分成清洁、半清洁、半污染、污染等不同的区域（图9）；但平时却不需要这样的分区，否则会影响护理观察，加长护理流线，并带来种种不便。因此，平时病区还是按照常规方式运营（图10）。疫情来临时，通过在病室北侧入口设置双门，在病室南侧设置阳台的方式，1~2个小时内就可以完成平疫转换。

虽说与建设小汤山等临时性医院相比，中心防疫医院无论是建筑面积，还是门窗空调等建设标准都有一定的提高，但该医院在应对疫情方面无疑可以大大节省时间与建设成本。

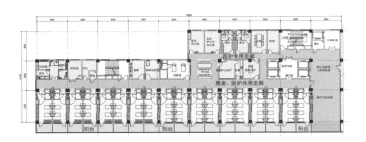

图 9 病区的疫时状态

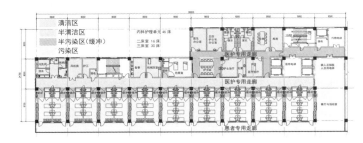

清洁区
半清洁区
半污染区（缓冲）
污染区

内科护理单元 48 床
二床室 16 床
三床室 30 床

图 10 病区的平时状态

（3）发热门诊。如图 11a 所示，将发热门诊和呼吸内科门诊合并设在同层，在不增加人力资源的基础上，就可保证发热门诊常年开放。将一次候诊区等污染区设为负压，通过引导气流方向，可有效防止病毒或细菌扩散到医院其他区域。一般情况下，呼吸内科南侧区域供发热门诊使用，北侧供哮喘、气管炎等不发热的门诊使用（图 11b）。当发热患者数量增加到超过设计预期人数时，就把北侧区域也用作发热门诊（图 11c）。如果发热患者数量再进一步增加，就通过在室外搭帐篷、增设移动式车载检查设备等方式来扩容（图 11d）。通过这种方式可以在常规状态下把发热门诊的患者数迅速提高到平时的 3 倍。

195

- 图 11a（左） 呼吸内科与发热门诊的位置

- 图 11b（右） 呼吸内科与发热门诊（平时）

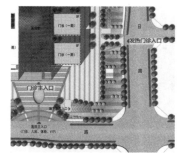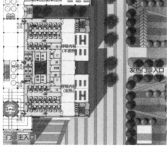

- 图 11c（左） 将发热门诊扩容至两倍的方法

- 图 11d（右） 将发热门诊扩容至三倍的方法

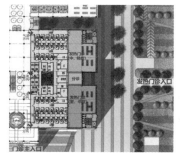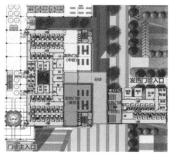

3. 疫病分诊

进入应急阶段后，中心防疫医院的职能是专注于收治疫病患者。由于患者数量大幅增加，而医护资源相对有限，为提高收治效果，医护人员需要首先对患者进行疫病分诊，然后按照症状及紧急程度来安排治疗的优先顺序。与之相应，建筑空间也需要进行重组，患者在分诊后分别在重症区、中症区、轻症区接受治疗（图12）。当然，在医护资源实在不足的情况下，为了优先救治更多的患者，也可能会有危重患者在分诊后被判定放弃抢救。

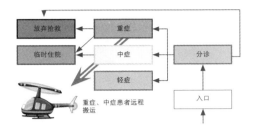

图 12　疫时分诊模式图

4. 快速扩容

为了增加疫情期间医院门诊空间与病床数量来应对急剧增加的患者，需要对防疫医院进行快速扩容。对此，我们不妨借鉴一下日本灾害据点医院的做法。所谓灾害据点医院是指地震等灾害发生期间能有效开展医疗的医疗机构，由于受灾期间患者数量大增，这类医院在快速扩容后可以应对 2 倍于平时的住院患者以及 5 倍于平时的门急诊患者[18]。

下面以日本石卷红十字医院（简称石卷医院）为例来探讨灾时分诊与快速扩容方法。该医院占地面积 7.38 hm^2，建筑面积 3.25 万 m^2，有床位 402 床，平时日门诊量为 1026 人次，日急诊量为 60 人次（图 13）。

在 2011 年东日本大地震期间，大量受灾患者涌向该医院。医院在入口处设置分诊处（图 14，淡紫色），然后引导患者到相应区域就诊。室内扩容的方法是充分利用门厅、候诊厅及会议室等大空间，由于墙上预先设置了输氧接口和电源接口，

沿墙就能安放大量病床。室外则预留了很大的广场和停车场
(图 15、图 16)，并预先埋设了应急用电源线路和上下水道。
这样只要在室外搭好帐篷并接通电源，就可顺利展开门诊、
药品发放等医疗活动 (图 17、图 18)。

- 图 13(左) 石卷医院一
  层平面平时

- 图 14(右) 石卷医院一
  层平面灾时

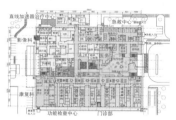 

- 图 15(左) 石卷医院总
  平面平时

- 图 16(右) 石卷医院总
  平面灾时

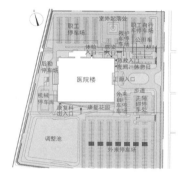 

- 图 17(左) 石卷医院平
  时航拍照片

- 图 18(右) 石卷医院灾
  时的户外帐篷

据报道，疫情期间，武汉市某医院曾于1月初先后将急诊内科与外科病区改造成呼吸科病区[13]，随着患者数量激增，又进行了多次辗转腾挪。倘若事先能像石卷医院一样做好应急规划，将会议室、候诊区等大空间设置为正负压调节的独立空调系统，在疫情发生后迅速调节为负压，就可以有条不紊地收治相当数量的患者，并有助于控制疾病的传染。当然，这也是今后防疫医院在快速扩容时可以参考的做法。

四、结语

医疗的最高法则是任何人在任何时间和地点都能得到妥善的治疗。不过当重大疫情来临时，上述法则未免过于理想化了。也许更恰当的表述是：对于突然增加的疫病患者，不管数量多少，我们都能够将他们及时收治在合适的医院中。

基于上文的分析，本文提出的防疫医院不仅具有较高的呼吸科医疗水平，还具有严格的防疫标准、一定的扩容能力以及相互间的联动机制。因此，该医院不仅能充分满足平时呼吸科患者的医疗需求，在疫情期间通过适当的平疫转换、快速扩容乃至患者的有效疏散，就可以迅速、有效地收治大量的疫病患者。笔者建议，为了进一步验证其有效性，除通过计算机仿真实验外，不妨按照上述构想实际建造一两所防疫医院，取得经验后再向全国推广。

注释

[1] 武汉市卫生健康委员会 .2018 年武汉市卫生健康事业发展简报 [R]，2019.

[2] 武汉常住人口突破 1100 万 [EB/OL].[2019-03-26]. http://www.wuhan.gov.cn/2018wh/whyw/201903/t20190326_255959.html.

[3] 国家统计局 .2018 年末总人口（万人)[EB/OL].[2019-02-21]. http://data.stats.gov.cn/easyquery.htm?cn=C01&zb=A0301&sj=2018.

[4] 国家卫生健康委员会 . 中国卫生健康统计年鉴 2019[M]. 北京 : 中国协和医科大学出版社，2019.

[5]CCTV3《新闻 1+1》白岩松对话国家卫健委医政医管局副局长 [EB/OL].[2020-02-17].http://tv.cctv.com/2020/02/17/VIDEaye1DlKqCPp5h2I6mk0j200217.shtml?spm=C45404.PlxDNolGigyV.EMWk0093O3NY.51.

[6] 中国疾病预防控制中心新型冠状病毒肺炎应急响应机制流行病学组 . 新型冠状病毒肺炎流行病学特征分析 [J]. 中华流行病学 ,2020,41(2):145-149.

[7] 患者转运至定点医院首日 [EB/OL].[2020-01-25]. http://news.cnhubei.com/content/2020-01/25/content_12645991.html.

[8] 全市 23 家定点医院病床使用情况（统计时间 2020 年 1 月 31 日 23:00)[EB/OL].[2020-02-01]. http://wjw.wuhan.gov.cn/front/web/showDetail/2020020109316.

[9] 全市定点医院病床使用情况 (2020 年 2 月 25 日)[EB/OL].[2020-02-26]. http://wjw.wuhan.gov.cn/front/web/showDetail/2020022609813.

[10] 武汉首个方舱医院开始收治病人床位数 1600 张 [EB/OL].[2020-02-26]. http://www.sinovision.net/politics/202002/00475237.html.

[11] 武汉方舱医院增至 12 家 计划启用床位超两万张 [EB/OL].[2020-02-19]. https://www.sohu.com/a/374213775_267106.

[12] 如何运作一座容纳 1461 张病床的方舱医院 [EB/OL].[2020-02-28].https://www.thepaper.cn/newsDetail_forward_6191437.

[13] 武汉中心医院医护人员感染始末 [EB/OL]. [2020-02-18].http://www.

mryzx.com/news/china/shehui/2313.html.

[14] 上海市人民政府 . 去年本市急性肝炎报告发生率达到历史最低 [EB/OL].
[2015-07-29].http://www.shanghai.gov.cn/nw2/nw2314/nw2315/nw17239/
nw17244/u21aw1038540.html.

[15] 感染症指定医療機関の指定状況（平成 31 年 4 月 1 日現在）[EB/OL].[2015-
07-29]. https://www.mhlw.go.jp/bunya/kenkou/kekkakukansenshou15/02-02.html

[16] 大阪府立病院機構 [EB/OL].http://www.opho.jp.

[17] 国立病院機構近畿グループ大阪府の病院 [EB/OL].https://kinki.hosp.
go.jp/facility/osaka.

[18] 日本厚生労働省 . 災害拠点病院指定要件 [EB/OL].[2019-07-17].https://
www.mhlw.go.jp/content/10802000/000529357.pdf.

[19] 刘曦文 . 综合医院门诊科室与医技部门位置关系研究——基于诊疗中心化
的视点 [D]. 南京：东南大学，2018.

[20]Guidelines for Environmental Infection Controlin Health-Care Facilities
(2003)[EB/OL].[2019-07-22]. https://www.cdc.gov/infectioncontrol/
guidelines/environmental/background/air.html.

[21] 病院設計の医療安全対策 [EB/OL].[2008-10-15].http://www.medsafe.net/
recent/135hospdesign.html.

图表来源

[1] 图 1　数据源自参考文献 [8]-[12]。

[2] 图 6　依据参考文献 [20] 加工而成。

[3] 图 13~ 图 15、图 17　依据日建设计瀬川寛先生提供的图纸加工重绘而成。

[4] 图 16、图 18　日建设计瀬川寛先生提供。

[5] 表 1、表 3　主要数据引自参考文献 [6]。

[6] 表 4　数据引自参考文献 [20][21]。

[7] 其余图表由作者绘制、拍摄。

15

"平—疫"结合可周转自保障型校舍建筑研究

张 宏 等

"平—疫"结合可周转自保障型校舍建筑研究

Research on Self-supporting Turnover School Building
for Both ordinary and Epidemic Conversion Function

（国家自然科学基金面上项目，51778119）
（国家自然科学基金青年基金项目，51908111）

张　宏　李向峰　王海宁　罗　申　李永辉　丛　勐

张　宏
东南大学建筑学院教授
中国城市规划学会学术工作委员会委员

李向峰
东南大学建筑学院副研究员

王海宁
东南大学建筑学院副研究员

罗　申
东南大学建筑学院副教授
东南大学建筑技术与科学研究所副所长

李永辉
东南大学建筑学院副教授
东南大学建筑技术与科学研究所副所长

丛　勐
东南大学建筑学院副教授
东南大学建筑技术与科学研究所副所长

一、背景和现状

新型冠状病毒肺炎的暴发对我国公共卫生资源和基础设施提出了前所未有的要求，在全国人民万众一心驰援武汉、支援湖北的大背景下，经过一段时间的艰苦奋斗，城区范围的疫情已经基本得到控制。目前紧急建造的雷神山医院、火神山医院在武汉市区疫情控制中发挥了重要作用，但疫情控制仍是一个长期而严峻的问题。例如一般性做法是重症送往医院救治，疑似居家隔离。但居家隔离存在家庭成员之间、亲缘关系圈层的互相传染的可能。同时，部分地区采取封户、封门、封小区、封村庄的方式，对社区正常生活有一定的影响。而此时的各类学校和教育机构是空的，因此疫区也曾改造校园宿舍为临时病房，但存在恢复困难等情况 [1-2]。

所以，在疫区各类学校范围内，可以紧急建设一批具备传染病早期就地检测和轻症病人康复治疗功能的小型卫生所，促进疫情控制 [3]。但疫情时期紧急投资建设的传染病卫生所，在疫情过后如何使用，即如何运营而不闲置，需要更合理的思考和应对。而平时对于教学类校舍建筑具有一定需求，因此疫时作为卫生所使用的建筑如果平时作为校舍使用，则能够将两个时段的不同需求进行有效整合 [4]。

二、解决方案和技术优势

本研究提出城市和乡镇地区"平—疫"结合可周转自保障型校舍的设计和建设方案，疫情时可用作传染病卫生所使用，根据规模的大小具备隔离观察、轻症治疗和重症转诊的功能，按照功能模块的不同，建筑面积分为 800、1100、1500、2200、3500、4000 和 6000 m^2 多种不同的规格，其中小于 2200 m^2 的规模只具备隔离、观察、检测等基本功能，大于 3500 m^2 的规模具备高规格负压隔离病房模块，能够用于轻症患者的治疗。疫情过后通过功能变化和模块组合替换，甚至采用模块替换拆除技术改变建筑规模，可直接转为校舍设施，以用于疫区教学硬件设施资源的加强（图1、图 2）。除此之外，该方案还具有如下特征。

1. 空间功能可变

采用标准化通用空间单元和设备管线模块组合装配技术系统，实现防疫卫生所与校舍建筑的功能转换。

2. 可高速连接装配与组装

采用框式结构板式组合、建筑信息模型智能化工程管理技术，迅速完成标准化组件、组构，集成化组合空间单元和模块，实现卫生所的高速拼接和组装，根据现场工况，12~20 天完成卫生所建造 [5]。

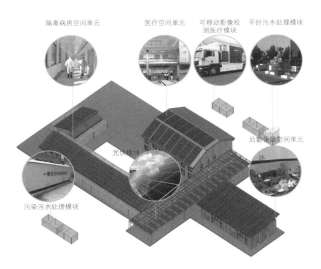

隔离病房空间单元　　医疗空间单元　　可移动影像检测医疗模块　　平时污水处理模块

后勤保障空间单元

光伏模块

污染污水处理模块

图 1　疫时隔离卫生所单元与模块示意图

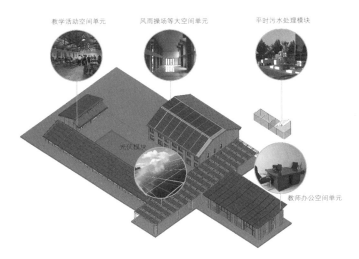

教学活动空间单元　　风雨操场等大空间单元　　平时污水处理模块

光伏模块

教师办公空间单元

图 2　平时校舍单元与模块示意图

3. 可多次拆卸组装重复利用

采用标准化通用空间单元、标准化模块及接口、螺栓可逆式构件连接技术，实现建筑构件的工业化、模数化及组装化，实现灵活拆装，循环利用[6]。

4. 外围护结构拼缝密闭性保障技术与灭菌通风系统

采用定位导轨等专利技术，实现高速建造的卫生所的防水、防渗漏和高安全性。

5. 一体化预制接口技术

预留多种接口，如电力保障、医疗通信、移动 CT 检测车等。

6. 无害化安全保障

移动式污染污水处理模块和固定式平时污水处理模块的组合应用，保证了污水就地无害化处理，实现"平—疫"转换。

7. 场地可恢复

采用轻型结构低环境影响基础处理技术，建筑拆移后可以恢复为原场地使用。

三、运营模式

疫情当前，配套设施的建设刻不容缓，但是疫情过后这些设施的合理处置需要慎重应对，设施的闲置和废弃将带来资源和资金投入浪费，建议采用功能可变的"平—疫"结合运营模式。

1. 疫时作为初级传染病医院使用

作为疑似患者和轻症确诊患者的隔离治疗场所，兼容移动 CT 车单元、远程问诊和传染病防治数据采集单元等子系统，具备传染病医院防治、数据分析等基本功能。

2. 平时作为城市和乡镇校舍建筑使用

平时作为大中专院校、中小学及幼儿园校舍用途使用，以提高城市和乡镇地区的教学资源水平。由于采用了框式构件组合建造体系，保证快速建造、多次拆装和异地重复建造的功能，克服箱式结构房屋体系无法提供大空间的弊端，能够营造 30 m 以内跨度的室内大空间，以满足室内篮球场、礼堂、食堂等功能需求（图 3）。

3. "平—疫"功能转换自如

发生疫情时通过设备替换和空间可变技术，迅速转换为初级隔离卫生所，发挥抗疫作用，疫情过后迅速恢复原样，或采用增加、剔除及替换模块的方式动态改变建筑规模及功能，部分设备模块能够供专业医疗机构周转使用或转入专用防疫防灾物资储备部门。

图 3　框式构件组合建造体系的大跨度屋架

四、团队已有工作积累与可行性

1. 建设了一批乡镇地区的示范项目

包括"南京溧水孔家村社区活动中心""徐州沛县蔡小楼村党群服务中心及卫生所"等一批乡镇医疗、公共服务类项目。

2. 经历 15 年近八代建筑产品研发

围绕东南大学设计研发团队形成了完善的产业链与产业联盟，能够快速实施工程项目，相关技术细节也已得到工程项目的例证（图 4）。

3. 负责 2020 年南京疫情后防疫设施设计工作

设计并参与建造管理南京市公共卫生医疗中心应急病房楼工程（其 2015 年设计方案也由东南大学团队完成），提供了医疗设计技术支持。从 2020 年 1 月 29 日傍晚接到南京市住房和城乡建设委员会、南京市城市建设投资控股（集团）有限责任公司（以下简称南京市城建集团）的紧急通知，团队快速响应,11 人现场设计,24 h 定稿设计方案; 20 多人通宵达旦，攻克场地竖向处理、院区雨污水收集消毒处理等问题，第 3 天完成涵盖建筑、结构、水、电、暖、智能、BIM、景观的施工图设计; 此后 14 d 驻场服务团队和后方设计团队不间断跟

图4　东南大学研发的八
代建筑产品

第一代产品（2010）
——零能耗活动房原型

零能耗房屋体系的初步探索，实现
3次拆装。

第二代产品（2012）
——多功能大空间房屋

多模块结合验证，利用滑轨和接口
技术，主体结构一天完成组装。

第三代产品（2013）
——自保障居住单元

可变家居系统和厨卫系统的集成，
经过7次拆装。

第四代产品（2015）
——梦想居产能四合院

首次商业化运作，常州武进区绿色
建筑博览园实验房，采用框式结构
全面取代箱式结构。

第五代产品（2016）
——农院功能拓展房屋系统

首次在农村地区进行示范，农户使
用中因为位置更换，经过3次拆装。

第六代产品（2016）
——轻型无柱大跨度多功能空间

对于框式构件大空间的验证示范，
产品使用至今，经历南京数次大雪。

第七代产品（2017）
——孔家村为民服务中心

产品进入政府采购体系，服务于基
层管理工作。

第八代产品（2018）
——SDC C-House

参加国际建造竞赛并取得奖项，正
式建造前经过试建造，目前经过3
次拆装，后续会运回南京再次组装。

踪服务，积极配合南京市城建集团及其下属南京市城市建设管理集团 24 h 不间断施工。两周内紧急完成了总面积 20240 m^2、总计 288 间的装配式应急病房楼和 1 栋 32 间医护人员隔离用房及相关配套工程设计与建设，项目一期现已投入使用。

4. 取得了显著的成果

团队完成了"十一五""十二五"国家科技支撑计划及国家自然科学基金等十余项课题研究，取得了 2016 年中国产学研合作创新成果一等奖、2018 年建设科学技术奖一等奖，相关建筑产品和建造技术成果参加了国家"十二五"科技创新成就展，受到了领导、专家和观众的广泛好评。

五、实施团队建议与总结

实施团队包括组织方、技术支持方和施工方三部分，拟提出三种可能的模式。

1. 对口援建模式

借助对口援建的机会，由江苏省政府提出建议，湖北省当地政府提供需求，双方共同确定对口黄冈市的具体援建方式，东南大学团队提供技术支持，江苏省和湖北省当地央企或国企完成工程实施，民营企业可参与其中。

2. 地方应用模式

由国家层面提出要求，地方政府统筹落实，并在省或市一级政府组织下，属地化开展实施，东南大学团队提供技术支持，当地央企与国企为工程具体实施方。

3. 全国推广模式

由国家层面进行统筹组织，东南大学团队提供实际技术支持，央企牵头成为工程实施的主体。

建议前期采用对口援建模式进行示范，为后续大规模应用提供经验，同时也利用此次机会调动两地企业的积极性，并充分整合民间力量。后期逐步开展地方应用模式和全国推广模式，有利于在更大的范围整合资源和应用。

参考文献

[1] 尹文强，黄冬梅，郭洪伟．新医改形势下乡镇卫生院行为方式研究 [J]．中华医院管理杂志，2014，30(2)：81-85，89.

[2] 王炳南，程正祥．方舱医院发展与研究展望 [J]．医疗卫生装备，2012(1)：104-105，108.

[3] 王麦燕．乡镇卫生院的发展历程及在新医改中的机遇 [J]．中国医药指南，2012，10(25)：667-668.

[4] 封瑞牧．全科型乡镇卫生院的适宜性建筑设计策略研究 [D]．广州：华南理工大学，2018.

[5] 张宏，傅秀章，张旭，等．一种组装式轻型房屋及其建造、拆卸方法 [P]．CN103993664A，2014.

[6] 张宏，朱宏宇，吴京，等．一种框构、框构体及其预制和建造方法 [P]．CN104499567B，2017.

16

新型冠状病毒在建筑中传播的影响和控制建议

李永辉 等

新型冠状病毒在建筑中传播的影响和控制建议

Impacts of COVID-19 Transmission in Buildings and Control Suggestions

（《新建筑》录用待刊）

李永辉 赵国利 蔡宜可 张 宏

李永辉
东南大学建筑学院副教授、硕导
东南大学建筑技术与科学研究所副所长
赵国利
东南大学建筑学院研究生
蔡宜可
东南大学建筑学院研究生
张 宏
东南大学建筑学院教授、博导
东南大学建筑技术与科学研究所所长

一、引言

近期中国多地暴发了新型冠状病毒感染的肺炎疫情（2020 年 2 月 11 日世界卫生组织将新型冠状病毒命名为"COVID-19"，中文名称保持"新型冠状病毒肺炎"不变），截至北京时间 2020 年 3 月 24 日 17 时，全球累计确诊 372757 例新型冠状病毒肺炎病例，累计死亡 16231 例，防疫形势十分严峻。

2019 新型冠状病毒（COVID-19）以飞沫传播和接触传播为主，近日，国家卫生健康委员会发布了《新型冠状病毒肺炎诊疗方案》试行第七版，针对病毒的传播途径新增了"在相对封闭的环境中长期暴露于高浓度气溶胶情况下存在经气溶胶传播的可能"及"由于在粪便及尿中可分离到新型冠状病毒，应注意粪便及尿对环境污染造成对气溶胶或接触传播"。气溶胶是指悬浮于气体中的固体或液体颗粒物，其颗粒直径在 0.001~100 μm 之间 [1]。对于"气溶胶传播"的争议，笔者团队认为新型冠状病毒肺炎患者呼出的飞沫病毒就像一个烟民不间断地呼出烟气。烟气也是一种气溶胶，其区别是香烟烟气肉眼可见且有味，而新型冠状病毒肺炎患者呼出的病毒肉眼不可见且无味。但含有新型冠状病毒的微生物气溶胶和烟气一样，存在滞留、扩散和吸附能力，如经常抽烟的房间有烟味，若较小的感染性病毒被易感者呼吸道吸入则容易引起感染。本文将通过分析新型冠状病毒在住宅建筑、办公建筑和医院建筑中的三类传播途径及影响，提出疫情预防的人员使用要求、工作活动建议、空调设备运行与管理优化措施等，为当前的防疫工作与将来的建筑设计的优化提供参考。

二、住宅建筑

住宅是居民所处时间最长的环境，本节将对住宅的排水系统、厨房排烟管道、空调系统和楼梯、电梯等公共空间的病毒传播与控制进行探讨，并给出相关防护措施建议。

1. 病毒在住宅排水系统的传播及防控措施

最新的研究发现，在粪便及尿中可分离到新型冠状病毒，而大量的病毒可以随着粪便等排入污水管道中。住宅中污水管道连接住宅内的马桶、洗手盆、浴盆和地漏，排污管道在建筑中从上到下贯通，其顶端伸出楼顶天台进行排臭气，如图 1 所示。

目前马桶、洗手盆、地漏和浴盆下方装有 U 形、S 形等水封，约有 1~5 cm，其目的是防止污水管的臭气、病菌和昆虫等进入室内。对于高层建筑，因为排水管高，用户多，也极易因为正压喷溅、负压抽吸问题导致水封消失。另外，一些老旧楼房依然在使用的三通地漏，地漏中水弯的水量只有 1~2 cm，在较干燥的气候条件下（2 d 左右能完全蒸发），极易因为缺少水封而导致粪便及尿对环境污染造成气溶胶传播。

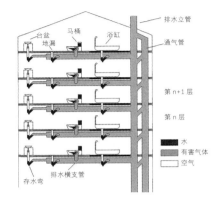

台盆 马桶 浴缸
地漏
存水弯 排水横支管

排水立管
通气管

第 n+1 层
第 n 层

■ 水
■ 有害气体
□ 空气

图 1 住宅建筑的排水
管路

病毒通过排水管道传播时，浓度往往较低，保持卫生间、房
间的通风良好，并进行定期消毒能够有效地防止感染。住户
平时要注意检查住宅内的地漏和下水口，可定期注入少量的
水或消毒水，保持"水封"有效。若存在污水系统堵塞和泄漏、
地漏泛臭、反水的情况，要及时向物业和相关部门反映情况，
及时修缮，长期不用的地漏建议用保鲜膜等封起来。同时，
整栋楼层的排污管道排气端皆通向楼顶天台，尽量不要上楼
顶天台活动。

2. 病毒在住宅厨房排烟管道的传播及防控措施

结合新型冠状病毒"烟气扩散"的推测，住宅中厨房排烟系统因
为是上下楼层贯通的形式，如图 2 所示，存在病毒传播的可能。

常见的住宅烟道有单烟道式、主副式、变压式、止逆阀式等类型。目前应用最多的是主副烟道的模式，在烟机关闭且外部风压大的情况下，会出现倒风倒烟的现象。

住户应严格排查自家排烟管道连接处的密封性，若室内存在倒烟串味，及时向物业和相关部门反映情况，更换质量合格的烟道管和止逆阀。有条件的烟机可以保证常态微正压通风。居家隔离期间，要远离排风口。注意住宅内排风口的位置，是否有串入其他区域的潜在风险。

3. 病毒在住宅空调通风系统的传播及控制措施

住宅建筑的空调系统主要为分体式空调系统（图3）和多联机空调系统（VRV，图4），除此之外，还有小部分的高档住宅采用中央空调系统（图5）。分体式空调系统和多联机空调系统（常见的壁挂式和立柜式）为室内空气自循环，室内机有空气清洁过滤装置，基本与外界无空气交换，不会造成病毒交叉感染，日常可以开启使用。家用中央空调系统能够一直引入带新风的处理空气，分为风管系统、冷水系统和冷媒系统。冷水系统和冷媒系统各户间相对独立，可以正常开启，但风管系统管道连接了多楼层、多住户，易造成病毒气溶胶在建筑各区域之间的扩散与传播，应完全切断回风，转为全新风运行。

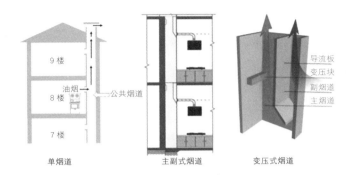

图 2　住宅烟道常见形式

单烟道　　　　主副式烟道　　　　变压式烟道

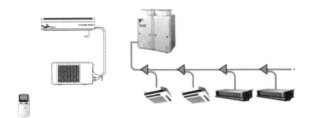

图 3（左）　分体式空调系统图

图 4（右）　VRV 空调系统图

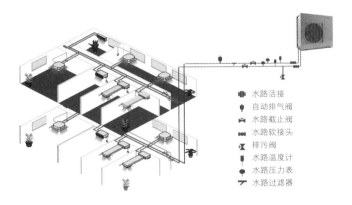

图 5　家用中央空调系统（冷水系统）

水路活接
自动排气阀
水路截止阀
水路软接头
排污阀
水路温度计
水路压力表
水路过滤器

需要注意的是分体式空调系统和多联机空调系统若无新风引入，开启一段时间后需要开窗通风，且夏季室内排出的空调冷凝水存在病毒感染可能，应确保空调冷凝水有组织地排入下水管道，不滴向其他住户。三种空调系统都要确保过滤网、风道出风口定期清洗、消毒，有条件时可在空调系统的进风口设置紫外线消毒灯等临时消毒设施。同时，外出购物时要注意大型超市或购物中心的空调系统普遍新风换气量不足，且人员密集流动性大，非迫不得已，建议居民远离大型超市或购物中心，购置菜品可网购或去开敞式小菜店。同时，建议营业中的大型超市或购物中心应确保全新风系统运行，必要时可开启防排烟系统的排风系统以增强其内部换气。

4. 病毒在住宅公共空间的传播及控制措施

电梯间和楼梯间都为住宅人员来往较为频繁的公共空间。电梯间空间狭小密闭，许多电梯仅通过顶部的定风量风机送风[2]，通风效果差，最易沉积病毒和细菌，如与患者共同乘坐电梯，就有可能发生经呼吸道的飞沫传播或在封闭环境中长时间暴露于浓度较高的病毒气溶胶传播。且电梯的按键面板为人员高接触表面，易导致密切接触传播，如碰触携带病毒的表面，就可能因进食或接触鼻腔、眼部结膜导致感染。多层住宅建筑的楼梯间虽为开放式，但人员来往频繁，楼道窗户紧闭，空气不流通，极易成为疫情传播的高危地带，建议日常期间应开启楼道窗户，保持楼道空间的良好通风。

住宅的公共空间易发生直接传播、接触传播和气溶胶传播，住户进入此类公共空间时应佩戴口罩，错峰使用电梯，并避免触碰内部各类表面。物业管理人员可在无人使用时将电梯设置为开门状态，保证电梯的通风，并定期对公共空间的高接触表面进行消毒。

三、办公建筑

为使办公建筑这类典型人员密集场所能够正常合理地投入使用，防止因人员集中导致的交叉感染现象，中国建筑学会在2020年2月5日正式公布了《办公建筑应对"新型冠状病毒"运行管理应急措施指南》。考虑到办公建筑的使用功能所对应的人员集中特点，为推进其在疫情防控阶段的合理运营，保证建筑室内环境的安全性与健康性，下文从建筑内的空调系统、办公楼应急管理措施及办公人员的自我防护三方面进行了归纳总结并给出了相应的建议以供参考。

1. 办公建筑内空调系统的合理使用

办公建筑的空调末端系统主要分为全空气系统、风机盘管加新风系统、多联机系统及分体式系统几种形式。这几种空调系统的工作模式和潜在风险各不相同，下面将分别给出分析与应急对策。

1) 全空气系统及其使用策略

全空气系统（图6）是一种广泛应用于各类大空间公共场所的集中式中央空调系统，属于办公建筑中最为常见的一种空调形式，多见于大厅、报告厅、会议室等区域。在日常的运行环境中，全空气系统具有诸如空气处理设备集中、处理风量多、服务面积大、换气充分、空气污染小等诸多优点。但面对疫情时，由于在该系统中风管道连接了多个房间，不同房间的空气混杂，容易造成病毒气溶胶在建筑各区域之间的扩散与传播，空调运行的潜在风险很大。

图6 全空气系统示意图

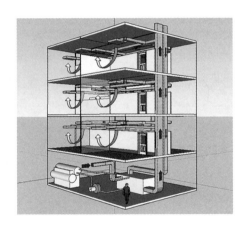

基于全空气系统的这种运行特点，当空调系统只负担一个房间时，可按设计正常运行[3]；当其同时承担多个房间时，系统应该完全切断回风，转为全新风运行。推荐如下对策以实现运行管理。

对于单风机空调机组，应关闭回风阀切断回风，保证空调系统按全新风运行并提高新风量[4]。若新风量不够，可根据条件新增一些新风口。若条件限制无法实现全新风运行，机组应尽量降低回风量，提高新风量，并增设低阻型中效过滤装置。

对于双风机空调机组，同样应切断回风以全新风运行。此外应把新风阀和排风阀完全打开，保证有效的换气量。注意保证新风采气口与排气口的距离，防止气流短路[4]。

若全新风运行无法满足室内温湿度要求，可以通过提高一次侧热源温度，提高空调系统供回水温度等措施来提高送风温度满足舒适度。此外，所有回风口应加装低阻型中效过滤装置[5]，所有送排风机 24 h 运行。

2）风机盘管加新风系统及其使用策略

风机盘管及独立新风系统属于空气—水空调系统，是办公建筑中常用的一类半集中式中央空调系统（图 7）。风机盘管机组是整个空调系统的末端装置，它设置于空调房间内，具有夏季供冷、冬季供热的功能。新风系统则为系统提供新风。一般采用新风与风机盘管的送风并联送出的方式，可以混合后送出，也可以各自单独送入室内。由于在该系统的运行模式下总体来说各房间的空气互不串通，因此办公建筑中的风机盘管加独立新风系统作为空调系统是可以继续使用的，合理地使用还可较为有效地避免交叉感染。具体使用策略如下。

图 7 风机盘管加独立
新风系统示意图

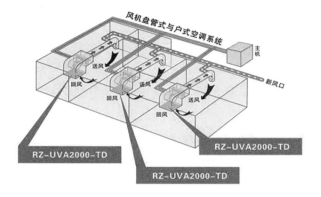

（1）新风系统应保持正常运行，保证人均新风量应不低于 30 m³/h，对于设有外窗的房间，应定期开启外窗进行通风换气。

（2）回风口附近污染物浓度最高，应减少或者不设置工位。有条件的情况下，建议空调送风形式采用上送风下回风的方式，减少办公室内交叉污染。若无法避免回风混入其他房间，应关闭中央空调系统，打开外窗同时单独开启排风系统[6]。

（3）确保风机盘管回风过滤网清洁，并定期对新风机组内部的过滤器、表面式冷却器等关键设备进行全面消毒。（4）在设置有多台风机盘管的房间，空调系统运行时应加大新风量，并定期开窗通风换气。（5）当一个风机盘管同时负担多个房间（某些建筑的局部情况）时，该风机盘管应暂停运行（或通过适当改造使其只为某一个主要房间服务）[3]。（6）下班后，应采取开窗或者新风系统持续运行等措施进行全面通风换气。

3）多联机系统及分体式空调与其使用策略

多联机系统（图8）通过改变系统中制冷剂的流量来适应空调负荷的变化，采用"一拖多"模式，是一种封闭式系统。相对于传统的中央空调系统，该系统更接近于普通的分体式空调，且具有节约能源、使用方便、可靠性高、布置灵活多变、不受开关机时段限制、每个房间使用灵活等优点。对于多联机系统来说，室内需要单独设置一套独立的新风系统，系统更复杂，但是对防疫反而有利。因此，办公建筑中采用的多联机和分体空调在疫期可正常使用，但应注意以下问题.

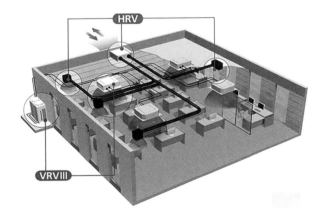

图8　多联机系统示意图

（1）对于设置新风系统的应保证新风系统正常运行，对于未设置新风系统的应保持适度地开启外窗通风换气。（2）严寒和寒冷地区，冬季开启新风系统之前，应确保机组的防冻保护功能安全可靠。（3）确保室内机回风过滤网清洁，并定期进行消毒处理。（4）下班后，应采取开窗或新风系统持续运行进行全面通风换气。

2. 办公建筑的应急管理措施建议

在依据不同空调系统的特点合理保证建筑室内环境舒适度的基础上，办公建筑的物业部门及相关管理人员还应注意及时推行在疫情传播的特殊时期适用的应急管理条例。对此给出以下作为参考。

（1）对所有出入建筑的人员实行体温检测（37.2℃以下为正常范围），规范化管理，发现异常情况及时报告。（2）依据实际情况对不合理的空调风口、管道布置进行改造，有条件的在新风口及空气处理箱内增设杀菌灯等灭菌消毒装置，同时建议通过定期（至少一周一次）对空调系统的出风口、过滤网、冷凝水积水盘进行清理或更换来保证洁净度。（3）对于开敞式办公区或会议室等功能区域，建议调整桌椅的摆放位置以保证工作人员的间隔距离不小于 1 m，避免长时间的面对面办公，并尽量远离回风口区域。（4）每日上班前、下班后对整体场所进行合理的消毒处理，工作时间穿插对电梯间内的按键面板、办公室门把手、座机电话等人手频繁接触部位进行定期局部消毒。（5）在有改造条件的情况下在办公区的过渡空间增设洗手池，配备洗手液、消毒喷雾供人员使用，并张贴戴口罩、勤洗手等提示标语。（6）食堂做好包括餐桌椅在内的各项设施消毒工作，在保证食品安全与营养搭配的情况下推行分餐进食，避免人员密集。（7）检查食堂厨房、茶水间、公共卫生间排水系统中相关器具（洗手池、地漏等）的水封装置，及时修理水封不完整或漏水的情况；对于未设置水封的排水器具可依据情况选择增设水封或停用。（8）设置专门的废弃口罩收集处，定期进行消毒处理。依据《办公建筑应对"新型冠状病毒"运行管理应急措施指南》，消毒方式与消毒剂应根据不同的对象选择[3]。（9）保证地下车库的通风系统的正常运行，可适当延长运行时间。

3. 办公人员的自我防护建议

除采取办公建筑内的空调系统运行调整、楼宇管理规定的执行等外在控制措施外，对于建筑的使用者而言，办公人员的主动防控手段也是控制疫情进一步扩散的关键一环。为此，本节提出了以下几点建议作为参考。

（1）上班途中务必正确佩戴口罩，尽量选择步行、乘坐私家车等通勤方式。若必须乘坐公共交通工具，尽量与其他乘客隔位而坐，保持 1 m 以上的距离，同时避免用手触摸车上的物品。（2）进入办公场所后及时洗手，并在多人办公的环境中继续保持口罩的佩戴。若处于单人环境，口罩摘下后不要放入包里或口袋里，应将其由内向外折叠后装进塑料垃圾袋或保鲜袋封口。（3）为避免病毒气溶胶感染，疫情期间，办公人员要谨慎使用公共厕所。若迫不得已，进入厕所前佩戴好口罩，并且优先选择有盖的、虹吸式的马桶如厕，避开直冲式的马桶或蹲坑。为了后续如厕者的健康，也建议盖上盖子，再按冲水按钮。（4）食堂用餐时注意不要与人面对面就座，开始用餐前保持佩戴口罩。（5）尽量使用电子文件进行工作交接，传递纸质文件前后注意洗手。（6）每日自觉保持办公环境的清洁，通过适当开窗等手段保证充足的自然通风。

三、医院建筑

医院建筑是具有特殊性的公共卫生服务场所，医院感染（医院内获得性感染又称医院感染，是指病人在住院期间获得的感染，入院时既不存在也不处于潜伏期[7]）问题的严重性引发了全世界范围内的关注。在医院中，呼吸道传染病的传播主要有以下三种形式：接触、飞沫和空气传播[8]。针对接触和飞沫传播，密切接触病人的医护人员往往采取防护面罩、防护服等手段隔绝病毒传播，且医院中有较为专业的消毒实施人员。但人们对于医院中的空气远距离传播往往认识不足，若其他疾病病人、医护人员防护措施不足时，容易造成各个空间的交叉感染。

1. 医院建筑易感染区域的感染途径及其运行管理建议

在临床和非临床环境中，造成医院暴发呼吸疾病感染的根本原因是建筑内不同区域的隔离措施和气流组织普遍效果不佳，无法快速有效地排除室内污染物，造成大量含有飞沫核的气溶胶被吸入人体而感染。室内通风可有效稀释和去除传染性空气中的飞沫核，一些流行病学调查强调了各种室内环境中结核、流感、麻疹、鼻病毒和严重急性呼吸综合征的传播过程中与通风的重要关联性[9-10]，2003年严重急性呼吸综合征流行病疫情期间，大量医护人员被感染[11]，后续进行的广泛多学科研究更是有力地证明了通风和室内空气传播疾病之间的密切关系[12]。根据经典的 Wells-Riley 方程[12]计算出人体暴露的感染风险，如式（1）所示：

$$P = \frac{Case}{S} = 1 - e^{-Iqpt/Vn} \qquad (1)$$

其中：P 是空气传播疾病的感染风险，p 是每名易感者肺通气速度（m³/h），n 是换气次数（英文简称 ACH），q 是一个感染者产生的感染量（quanta/h），V 是封闭空间的体积（m³），t 是暴露持续时间（h）。由此可知高换气次数对于降低感染风险具有一定的有效性。本节对医院易感染功能区域，例如手术室、重症监护室或隔离病房等重点区域以及普通门诊、病房建筑等一般区域的空调通风系统设计及疫情期间的运行管理，给出了相应的控制措施建议。

233

1）医院手术室

医院手术室中通风作用的关键是预防空气传播感染。目前许多现代的医院手术室通风系统使用层流（英文简称 LAF）进行空气合理组织，LAF 通风设备直接在手术区域上方提供空气，在位置较低处设置壁挂式回风管，从而形成一个无菌区域。该设计避免了由于 LAF 的破坏而在非无菌区中形成的再循环[13]。为伴有传染病的患者手术时，应建立负压洁净手术室（图 9）。

负压洁净手术室的净化空调系统可按原有方式正常使用。传染病人如需手术，应安排在负压手术室进行，并对手术室的空调系统进行严格消毒处理，例如可采用结晶紫外线过滤器（英文简称 C-UVC）对手术室中的空气进行消毒和再循环。

图 9 负压手术室

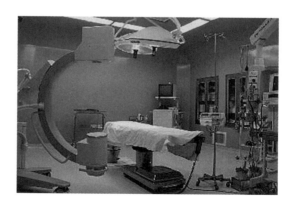

2）传染病专用门诊科室

专用门诊包括功能相对独立的呼吸道发热门（急）诊、肠道门诊、肝炎门诊等。空调系统设计及运行需要考虑以下几点。

传染病专用门诊业务用房应保证室内空气流通，要求新风不低于 6 次 /h[14]。门诊的空调系统应独立设置，不能设置带有回风或绝热加湿装置的空调通风系统，不能开窗通风的门诊业务用房不能设置无新风的水—空气空调系统。

设中央空调系统时，各区应独立设置，新风量和换气次数应符合设计规范要求。并且针对具有感染风险较大的呼吸道发热门诊应设置全新风空调系统。

不设空调系统时，应确保自然通风。如有条件，可加设机械送风机，确保门诊科室处于正压以及医护人员处于室内上风向（靠近送风口）。

3）专用隔离区域

隔离病房通风空调系统的基本原则是维持设定的空气压力分布，从而保证有序的气流流向。图 10 为 WHO 推荐的 SARS 暴发时负压隔离病房设计示意图[15]。本节针对疫期的专用隔离区域提出以下运行管理建议。

在疾病暴发期间，综合医院内负压隔离病房应依据《医院负

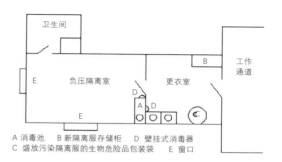

● 图 10 WHO 推 荐 的 SARS 暴发时负压隔离病房设计示意图

A 消毒池　　B 新隔离服存储柜　　D 壁挂式消毒器
C 盛放污染隔离服的生物危险品包装袋　　E 窗口

压隔离病房环境控制要求》（GB/T 35428—2017）[16] 要求，先开启排风机，后开启送风机，24 h 连续运行。如果要关闭时，应先关送风机，后关排风机。

隔离病房应加强室内气流控制，使医护人员处于气流上游，病患处于下游，排风量应大于进风量，优先排出病患病毒，同时确保医护人员安全。

负压隔离室运行管理人员应密切关注风机故障及过滤器压差、污染区与缓冲间的压差、缓冲间与清洁走廊的压差，确保空气流向合理，使气流流向保持从清洁区→半污染区→缓冲区→污染区方向流动。

隔离病房应加强排气污染控制，可在排风口处加设灭菌灯和高效空气过滤器（HEPA），定期对过滤器进行更换消毒，保证各区压差及通风换气次数达标。对出现的问题应及时处理。

4）普通科室及其他区域

普通科室及医院其他区域，例如普通病房等的空调系统设计及运行需要考虑以下几点。

有风险区域使用风机盘管系统（加消毒排风）。可在病房、诊室增加独立的风机过滤机组（FFU）过滤单元，FFU 的高效过滤器可以显著降低医院内的病毒浓度。

预留将来可能作为收留空气传播疾病病人的病房楼，空调冷凝水必须分区收集，分区处理，达到《医疗机构水污染物排放标准》（GB 18466—2005）的标准后再进行排放。需要强调的是污染区的空调冷凝水不能和清洁的医务人员办公区的冷凝水一起排放。

当发现新型冠状病毒肺炎确诊病人时，应立即关闭与本层系统连通的新风系统与送风系统，并按照当地卫生行政部门的要求对其空调系统进行清洁消毒处理。

2.基于新型冠状病毒肺炎疫情对医院空调系统设计及运行管理方面的建议

1）新建医院建筑空调系统设计建议

在医院建筑的前期规划设计时，在满足国家现行规范《综合医院建筑设计规范》（GB 51039—2014）[17] 和《传染病医院建筑设计规范》（GB 50849—2014）[18] 的基础上，应保证所有的房间（除有特殊的温湿度、洁净度需求的房间外）具备自然通风条件或机械通风系统。

在医院进行整体规划设计时，针对最容易受到感染的患者所在的区域（例如手术室、移植设施、重症监护室）或传染病患者的区域（例如传染病室或隔离病房）需要设计加强的机械通风系统，去除潜在的病原性生物气溶胶，从而降低感染传播的风险[19]。

空调系统形式方面，负压隔离病房宜采用全新风系统，呼吸科等科室的空调系统须独立控制。普通科室中彻底无风险区域可采用中央新风系统，有风险区域使用风机盘管系统加独立新风系统（加消毒排风）。医院建筑的门诊大厅、候诊区等大空间采用全空气系统。

送风形式应为上送下回方式，建议增设回风口并分散布置，替换房间内的污染空气，可在普通手术室增加天花板回流消除非无菌区的再循环[13]。

负压隔离病房进行气流组织设计时，应严格控制病房内空气的流动方向，保证医护人员处于房间新风上风侧，病人处于下风侧。建议采用滑动门代替铰链门，提高门窗密闭性来控制传播。

2) 既有医院建筑空调系统在疫情期间的运行建议

门诊大厅、候诊厅等公共大空间全空气系统应保持全新风运行模式，同时开启相应的排风系统，如采用关闭回风通路风阀、全开新风通路风阀等措施。在全空气系统不能实现全新风运行时，可在回风通路中增设中高效过滤器或增设带有灭菌消毒的过滤网，达到控制空气传染的目的。若以上措施都不能实现，可开启该区域的防火分区的正压送风机，实现强制的机械通风。

确保空调通风系统严格分区设置。确保空气气流合理流动，使压力从清洁区→半清净区→缓冲区→污染区依次降低，清洁区为正压区，污染区为负压区时，方可开启空调通风系统。

疫情期间，为杜绝通过空调通风管道扩散被污染的空气的可能性，应采取关闭回风通路风阀等措施切断与疫情发生易感染危险区域相通的送、排风管路。

接收新型冠状病毒肺炎病人期间，通风系统应连续运行保证病区的气流有序。

大空间的体育馆如改造为方舱医院，则人员密集，病毒密集，建议采用全空气系统运行，同时增大排风量，使体育馆中心区域处于负压状态，并在排风口增设具备杀菌消毒单元的排风处理装置，如加设灭菌灯和高效空气过滤器（HEPA）等。

四、结语

面对此次新型冠状病毒的大面积传播扩散和疫情防控的种种挑战，容纳着各类人员的建筑无疑是这场防疫战役中的重要一环。建筑作为人类活动的主要场所，应当具有在紧急情况下对集体安全、生存与健康提供支持的能力。未来的建筑设计将针对建筑换气、排气、防臭、防霉、热舒适、洁污分离、干湿分离、抗菌灭菌等问题做出细微设计和健康性优化，未来建筑必将以人类健康为核心走向健康建筑。

注释

[1]Tang J W, Li Y, Eames I, et al. Factors involved in the aerosol transmission of infection and control of ventilation in health-care premises[J]. J Hosp Infect, 2006, 64(2):100-114.

[2] 丁国华，王林龙，蔡如祥.曳引式客梯轿厢内部气流循环技术研究 [J]. 中国新通信 ,2017,19(11):154.

[3] 中国建筑学会 . T/ASC 08-2020 办公建筑应对"新型冠状病毒"运行管理应急措施指南 [S]. 2020.02.04.

[4] 江亿，薛志峰，彦启森.防治"非典"时期空调系统的应急措施 [J]. 暖通空调 ,2003(03):143-145.

[5] 仇保兴，王清勤.防止新型冠状病毒流行期间中央空调系统交叉感染的应急措施 [J]. 中国建筑金属结构 ,2020(02):23-24.

[6] 吕阳，胡光耀.集中式空调系统生物污染特征、标准规范及防控技术综述 [J]. 建筑科学 ,2016,32(06):151-158.

[7] 黄鹏 .ICU 医院获得性感染分析及预防 [J]. 医学文选 , 2006. 25(3):563-566.

[8]Siegel J D , Rhinehart E . Guideline for isolation precautions: preventing transmission of infectious agents in healthcare settings 2007[J]. American Journal of Infection Control, 2007, 35(10):S65-S164.

[9]Knibbs L D , Morawska L , Bell S C , et al. Room ventilation and the risk of airborne infection transmission in 3 health care settings within a large teaching hospital[J]. American Journal of Infection Control, 2011, 39(10):0-872.

[10]Qian H , Li Y , Nielsen P V , et al. Dispersion of exhaled droplet nuclei in a two-bed hospital ward with three different ventilation systems [J]. Indoor Air, 2006, 16(2):111-128.

[11] 毕振强，赵仲堂 .SARS 的流行病学特征 [J]. 疾病控制杂志 ,2004(02):148-151.

[12]Riley E C , Murphy G , Riley R L . AIRBORNE SPREAD OF MEASLES IN A SUBURBAN ELEMENTARY SCHOOL[J]. American Journal of Epidemiology(5):5.

[13]Tee L , Omid A, et al. An experimental study of the flow characteristics

and velocity fields in an operating room with laminar airflow ventilation[J]. Journal of Building Engineering, 2020, 29: 101-184.

[14] 曾亮军 , 王学磊 . 传染病医院通风空调系统的设计特点 [J]. 洁净与空调技术 , 2019, 101(01):87-90, 94.

[15]WHO. Interim guidelines for national SARS preparedness[S]. Western Pacific Regional Office, US, 2003.

[16] 中华人民共和国国家质量监督检验检疫总局 . GBT 35428—2017 医院负压隔离病房环境控制要求 [S]. 2017.

[17] 中国住房和城乡建设部 . GB 51039—2014 综合医院建筑设计规范 [S]. 2014.

[18] 中国住房和城乡建设部 . GB 50849—2014 传染病医院建筑设计规范 [S]. 2014.

[19]Stockwell R E, Ballard E L, et al. Indoor hospital air and the impact of ventilation on bioaerosols: a systematic review[J]. Journal of Hospital Infection,2019, 103: 175-184.

图片来源

图 1 https://baike.baidu.com/item/ 室内给水排水系统 /1647168?fr=aladdin

图 2 https://baijiahao.baidu.com/s?id=1617983221543070904&wfr=spider&for=pc

图 3 https://www.onlinedown.net/soft/455800.htm

图 4 https://www.sohu.com/a/287680459_500450

图 5 https://zhidao.baidu.com/question/397022500.html

图 6 https://baike.baidu.com/pic/ 全空气系统 /8803082

图 7 http://www.tjdi.top/newsinfo/751542.html

图 8 http://www.baike.com/wiki/VRV

图 9 https://baike.baidu.com/item/ 手术室 /1708459?fr=aladdin

图 10 引自 WHO 组织制定的《Interim Guidelines for National SARS Preparedness》

17

疫情宅家记：老两口日常生活的"时空轨迹"

吴 晓

疫情宅家记：老两口日常生活的"时空轨迹"

Cocooning during the Outbreak of COVID-19 : the "Spatio-temporal Track" of the Old Couple's Daily Life

（中国城市规划学会城市影像学术委员会的疫情专题征文，发表于微信公众号"城市影像与城市文化"，2020 年 4 月 19 日）

吴　晓

吴　晓

东南大学建筑学院教授、博导

中国城市规划学会城市影像学术委员会委员

时代想要改变谁，根本就不会跟谁商量，庚子年新型冠状病毒肺炎疫情的暴发亦不例外。人们纷纷开玩笑：是疫情改变了人们的生活轨迹，全民成了厨师，医护成了战士，老师成了主播，实体店都干成了微商……那么我们生活的社区呢？社区作为承载人们日常生活的普遍性社会实体，自然成为疫情下病毒预防控制的第一道防线。

于是，小区早早就实行了"封闭式管理"，仅仅开放了一个出入口对内限制住户出行，对外实现人员和车辆的报备排查；其余封闭的小区出入口则成为大人孩童们茶余饭后的短暂活动空间，或跳绳或打球，也让突然间沉寂下来的住区仍保有一丝往常的活力和喧闹（图1、图2）。

收听疫情新闻和关注疫情动态，成为孩子姥姥和姥爷每一天雷打不动的常态化活动；而方方面面的信息均显示，这场漫

图1（左） 疫情下的生活必需品——口罩

图2（右） 封闭式管理的社区静悄悄

长的疫情仿佛对老年人并不友好。于是，老两口一早就打定主意不出门，决不给国家添乱，也算是一种自我保护意识吧。其结果就是：老年人的日常生活时空在很大程度上被压缩了，而"家庭"变成了老两口真正的"日常生活圈"，并以"家庭"为核心形成了自身挥洒着烟火气的"日常生活时空轨迹"。

一、时间：10:00—12:00；地点：餐厅 + 厨房

风声紧的时候，全家饮食所需果蔬要么通过网购送到社区，要么由子女每周出门 1 次到菜场集中采购一番。老两口先是把果蔬熟练分拣，将大小冰箱和阳台屯菜处塞满；然后一边听着新闻，一边讨论着国家大事和国际形势，一边摘菜洗菜，变着花样准备着午餐。若是碰到子女在线授课和视频开会，整个过程则又会变得轻手轻脚而小心翼翼。

图 3（左） 摘摘菜，备备餐

图 4（右） 包顿饺子，换换口味

二、时间：13:00—14:00；地点：客厅 + 阳台

午餐后的阳光总是让人心旷神怡，这时候老两口也喜欢挤在洒满阳光的阳台上。要么是姥爷拉拉二胡，练练手，姥姥充当安静的听众；要么就是二老坐在桌子前，家长里短地唠唠嗑儿，而且总会带上收音机，不忘抽空听一耳新闻⋯⋯

三、时间：16:00—18:00；地点：阳台

必要的午休后元气满满，姥爷多会直奔自己精心打理多年的半阳台花草。兰花、长寿花、芦荟、仙人掌⋯⋯长势旺盛，交相辉映，也是每次客人艳羡、姥爷引以为傲的保留曲目。疫情期间虽然客人不能来了，但是浇浇花、修修枝还是必不可少的。

图 5（左） 拉起我心爱的二胡

图 6（中） 午后的阳光里拉拉琴

图 7（右） 唠唠嗑儿，听广播

四、时间：16:00—19:00（偶尔）；地点：白马公园

偶尔趁阳光好出去放放风、遛遛弯儿，老两口已很知足，但只敢骑车去人少点儿的白马公园。回来后总会和我们唠一路上的见闻：什么谁又不戴口罩呀，公园人多人少呀，哪些活动场地还未营业呀，哪些店面已经复工了，顺带着捎回一些小吃零嘴和包子凉菜。

五、时间：20:00—22:00；地点：主卧室

晚餐后，CCTV-1的新闻联播和CCTV-11的戏曲栏目为每日必看。老两口通常是一边看着节目，一边互相监督着跳一跳养生操（整套做下来将近一个钟头），几无间断，然后早早地休息。

图 8（左）浇浇花、修修枝

图 9（右）偶尔出去遛遛弯儿

日子就这么一天一天地过，或许琐碎、真实而平淡，但无疑又是鲜活而接地气的。或许此次疫情会在很多方面改变我们的日常生活，比如上课上班的模式、日常出行的频次、卫生习惯和健康意识等，但是有的需求和内在秉性却是难以改变的，比如说饮食和社交刚需，对个人爱好和阳光的追逐，对生活的积极态度以及携手共克时艰的勇气等，这不也正是我们日常生活的本来面目吗？因此，笔者希望通过描摹老两口以"家庭"为核心的"日常生活时空轨迹"，观察那些"变"与"不变"，来管窥新冠肺炎疫情下个人与群体的日常生活百态，也算是特殊时期的一份家庭记录和人文影像。

在《南京人》里，用文字占领一座城的叶兆言曾说过："读一座城，适合约上几个朋友一起坐上公交，或者在南京的地铁里感受

图 10（左） 跳跳操，早休息

图 11（右） 老两口日常生活的时空轨迹图

这座城市紧凑而规整的步骤。也许不需要路线，走到哪儿是哪儿。秦淮小吃、古玩市场、酒吧街……"或许疫情下的南京条件还不允许如此，但是春天已来，花儿亦开，中小学复学了，高校也将陆续开学，老两口应该很快就能登高远眺，摘下口罩呼吸一把无恙山河的自由空气了……

● 图 11（左） 疫情渐好盼登高

● 图 12（右） 携手夕阳下

图书在版编目（CIP）数据

韧性人居：新冠防疫时期东南建筑学者的思考：上、
下册 / 东南大学建筑学院，东南大学建筑设计研究院有
限公司著. — 南京：东南大学出版社，2020.12
　　ISBN 978-7-5641-9111-5

　　Ⅰ. ①韧… Ⅱ. ①东… ②东… Ⅲ. ①医院-建筑设
计-文集. Ⅳ. TU246.1-53

　　中国版本图书馆CIP数据核字（2020）第177382号

韧性人居： 新冠防疫时期东南建筑学者的思考　　上册
RENXING RENJU: XINGUAN FANGYI SHIQI DONGNAN JIANZHU XUEZHE DE SIKAO　　SHANGCE

著　　　者：东南大学建筑学院，东南大学建筑设计研究院有限公司
责任编辑：戴　丽　魏晓平
责任印制：周荣虎
出　　行：东南大学出版社
地　　址：南京市四牌楼2号　邮编：210096
出 版 人：江建中
网　　址：http://www.seupress.com
电子邮箱：press@seupress.com
印　　刷：上海雅昌艺术印刷有限公司
经　　销：全国各地新华书店
开　　本：700 mm × 1000 mm　1/16
印　　张：39.75
字　　数：482 千字
版　　次：2020 年 12 月第 1 版
印　　次：2020 年 12 月第 1 次印刷
书　　号：ISBN 978-7-5641-9111-5
定　　价：160.00 元（上、下册）

（若有印装质量问题，请与营销部联系。电话：025-83791830）